Mathe 8. Klasse

Hans Karl Abele

Bruchterme und Bruchgleichungen

Mit heraustrennbarem Lösungsteil

Mentor Übungsbuch 901

Mentor Verlag München

Der Autor: Dipl.-Phys. Hans Karl Abele, Lehrtätigkeit in Mathematik und Physik an verschiedenen Schularten, langjährige Erfahrung als Nachhilfelehrer, Autor von Lehrbüchern und Lernsoftware

Redaktion: Dr. Hans-Peter Waschi

Illustrationen: Henning Schöttke, Kiel

In neuer Rechtschreibung

Umwelthinweis: Gedruckt auf chlorfrei gebleichtem Papier

Layout: Peter Glaubitz, auf der Basis des Layouts von Barbara Slowik, München
Umschlag: Iris Steiner, München
Satz: OK Satz GmbH, Unterschleißheim
Druck: Landesverlag Druckservice, Linz

Auflage:	5.	4.	3.	2.	1.	Letzte Zahlen
Jahr:	2004	2003	2002	2001	2000	maßgeblich

Printed in Germany • ISBN 3-580-63901-3

Inhaltsverzeichnis

Benutzerhinweise

***Sternchen** Ein paar Aufgaben, die schwieriger als die anderen sind, haben wir mit einem ***Sternchen** versehen. Solltest du diese Aufgaben nicht lösen können, ist das wirklich nicht schlimm!

Anhang Auf Seite 54 findest du die mathematischen **Symbole**, die du für dieses Übungsbuch brauchst, und die **griechischen Buchstaben**.

Unser Tipp für alle, die noch mehr wissen wollen:

Mentor Lernhilfen

Die sind Spezialisten im Erklären und machen fit fürs ganze Schuljahr!

Für Mathe in der 7./8. Klasse gibt's die Bände:

Algebra 1 (7./8. Klasse)
Brüche, Zinsen, Prozente, negative Zahlen und Potenzen
ISBN 3-580-63620-0

Algebra 2 (7./8. Klasse)
Binomische Formel, Gleichungen, Ungleichungen, Funktionen, Stochastik
ISBN 3-580-63621-9

Geometrie 1 (7./8. Klasse)
Spiegelung, Drehung, Verschiebung, Vektoren
ISBN 3-580-63625-1

Geometrie 2 (7./8. Klasse)
Kongruenz und Dreieckskonstruktion, Kreis und Gerade, Flächen- und Rauminhalt
ISBN 3-580-63626-X

Vorwort

Hallo, liebe Schülerin, lieber Schüler,

du sollst eine Mathearbeit über Bruchterme und Bruchgleichungen schreiben und möchtest noch ein bisschen trainieren, aber möglichst schnell und ohne viel Theorie?

Dann bist du hier richtig! Denn jetzt geht's besonders easy:

Treffsicher — Dieses Buch ist in **24 kleine Lernportionen** gegliedert.
→ So findest du dich besonders schnell zurecht.

Übersichtlich — Jede Lernportion umfasst genau eine **Doppelseite**.
→ So hast du immer alles auf einen Blick.

Einleuchtend — Jede Doppelseite beginnt mit einer kurzen, klaren **Regel**.
→ So weißt du immer sofort, worauf es ankommt.

Clever — Dann geht's ans **Üben** – ganz locker, Schritt für Schritt.
→ So bereitest du dich optimal vor.

Praktisch — Der **Lösungsteil** zum Heraustrennen passt seitengetreu dazu.
→ So kontrollierst du blitzschnell – ohne Suchen und Blättern.

Am besten gleich loslegen!

Viel Spaß und ganz viel Erfolg

wünscht dir

dein Mentor Verlag

Noch ein Tipp — Du hast noch mehr Nachholbedarf, aber keine Lust auf Nachhilfe? Dann versuch's doch mit den **Mentor Lernhilfen**: Schau mal auf die Seite gegenüber!

1 Wiederholung: Bruchrechnen

1. Kürzen heißt Zähler *und* Nenner eines Bruches durch die *gleiche* Zahl (außer 0) dividieren. Der Wert des Bruches bleibt dabei gleich.
2. Erweitern heißt Zähler *und* Nenner eines Bruches mit der *gleichen* Zahl (außer 0) multiplizieren. Der Wert des Bruches bleibt dabei gleich.
3. Gleichnamige Brüche sind Brüche mit gleichem Nenner. Man addiert oder subtrahiert gleichnamige Brüche, indem man die Zähler addiert oder subtrahiert und den Nenner beibehält.
4. Man addiert oder subtrahiert ungleichnamige Brüche, indem man sie zuerst auf den gleichen Nenner (Hauptnenner) erweitert. Der Hauptnenner ist das kleinste gemeinsame Vielfache (kgV) der einzelnen Nenner.
5. Man multipliziert einen Bruch mit einer Zahl, indem man den Zähler mit der Zahl multipliziert und den Nenner beibehält.
6. Man dividiert einen Bruch durch eine Zahl (außer 0), indem man den Nenner mit der Zahl multipliziert und den Zähler beibehält.
7. Man multipliziert einen Bruch mit einem Bruch nach der Regel „Zähler mal Zähler durch Nenner mal Nenner".
8. Man dividiert durch einen Bruch, indem man mit dem Kehrbruch multipliziert.

Übung 1

Kürze den Bruch vollständig.

a) $\frac{8}{16} = $ ___

b) $\frac{13}{39} = $ ___

c) $\frac{10}{40} = $ ___

d) $\frac{-7}{-14} = $ ___

e) $\frac{16}{16} = $ ___

f) $\frac{21}{-3} = $ ___

Übung 2

Erweitere den Bruch auf den Nenner 100.

a) $\frac{8}{10} = \frac{\quad}{100}$

b) $\frac{8}{25} = \frac{\quad}{100}$

c) $\frac{8}{0{,}5} = \frac{\quad}{100}$

d) $\frac{-8}{-50} = \frac{\quad}{100}$

Übung 3

Addition und Subtraktion

a) $\frac{3}{8} + \frac{2}{8} =$

b) $\frac{3}{8} - \frac{7}{8} =$

c) $\frac{3}{8} + \frac{2}{16} =$

d) $\frac{3}{80} - \frac{2}{8} =$

e) $\frac{3}{8} + \frac{5}{12} =$

f) $\frac{1}{16} - \frac{5}{12} =$

Übung 4

Multiplikation

a) $\frac{3}{8} \cdot 2 =$

b) $\frac{3}{8} \cdot \frac{2}{7} =$

c) $11 \cdot \frac{3}{8} =$

d) $-\frac{3}{8} \cdot \left(-\frac{5}{11}\right) =$

e) $-10 \cdot \frac{1}{30} =$

f) $\frac{3}{4} \cdot \left(-\frac{8}{7}\right) =$

Übung 5

Division

a) $\frac{3}{8} : 2 =$

b) $\frac{3}{8} : \frac{1}{2} =$

c) $\frac{5}{7} : \frac{11}{2} =$

d) $-2 : \frac{3}{8} =$

e) $-\frac{1}{8} : \frac{3}{8} =$

f) $-\frac{5}{4} : \left(-\frac{3}{2}\right) =$

Übung 6

Und jetzt in lockerem Durcheinander!

a) $-\frac{1}{3} + \frac{2}{5} - \frac{1}{2} =$

b) $2\frac{7}{9} \cdot \frac{1}{5} =$

c) $\frac{71}{238} - \frac{6}{476} =$

d) $\frac{3}{13} : 4\frac{1}{8} =$

e) $\frac{2{,}7}{-0{,}01} = \frac{\quad}{100}$

2 Bruchterme und ihre Definitionsmengen

Ein Term ist ein Rechenausdruck mit Zahlen und Variablen.
Ein Quotient zweier Terme heißt **Bruchterm**. Ein Bruchterm ist nicht definiert, wenn der Nenner null ist!

Die **Definitionsmenge** ist die Menge aller Zahlen aus der Grundmenge, die man für die Variable einsetzen darf, *ohne dass* der Nenner null wird.

Beispiel 1

Betrachte den Term $T(x) = \frac{1}{x-2}$.
Als Grundmenge wird $\mathbb{Q}$, die Menge der rationalen Zahlen, vorausgesetzt.
Der Nenner wird null für $x = 2$, also gehört 2 nicht zur Definitionsmenge des Terms.

$\Rightarrow$ Die Definitionsmenge ist $\mathbb{Q}$ ohne 2, abgekürzt: $\mathbb{D} = \mathbb{Q} \setminus \{2\}$

Beispiel 2

$$T(x) = \frac{x}{6x+7}$$

Suche nach Nennernullstellen:

$$6x + 7 = 0$$
$$6x = -7$$
$$x = -\frac{7}{6}$$

Der Nenner wird null für $x = -\frac{7}{6}$; also gilt: $\mathbb{D} = \mathbb{Q} \setminus \left\{-\frac{7}{6}\right\}$

Übung 1

Trage die restlichen Termwerte ein (Achtung in der untersten Zeile der Tabelle!) und gib dann ganz unten die Definitionsmenge des Bruchterms T(*x*) an.

x	-3	-2	-1	0	1	2	3
$T_Z(x) = x + 1$	-2						
$T_N(x) = x \cdot (x + 2)$	3						
$T(x) = \frac{T_Z(x)}{T_N(x)} = \frac{x+1}{x \cdot (x+2)}$	$-\frac{2}{3}$						

$\mathbb{D} = \mathbb{Q} \setminus \{\quad\}$

Übung 2

Trage die restlichen Termwerte ein, soweit möglich, und gib neben der Tabelle die Definitionsmenge des Terms T(x) an.

x	-3	-2	-1	0	1	2	3
$T_Z(x) = x - 2$	-5						
$T_N(x) = x^2 - 1$	8						
$T(x) = \frac{x-2}{x^2-1}$	$-\frac{5}{8}$						

$\mathbb{D} = \mathbb{Q} \setminus \{\quad\}$

Übung 3

Gib wieder die Definitionsmenge an.

a) $\frac{x}{x-7}$ $\mathbb{D} = \mathbb{Q} \setminus \{\quad\}$

b) $\frac{x+2}{x^2}$ $\mathbb{D} = \mathbb{Q} \setminus \{\quad\}$

c) $\frac{x+5}{x+5}$ $\mathbb{D} = \mathbb{Q} \setminus \{\quad\}$

d) $\frac{x}{3x-6}$ $\mathbb{D} = \mathbb{Q} \setminus \{\quad\}$

e) $\frac{5}{0{,}1x-7}$ $\mathbb{D} = \mathbb{Q} \setminus \{\quad\}$

f) $\frac{3-5x}{8+9x}$ $\mathbb{D} = \mathbb{Q} \setminus \{\quad\}$

Übung 4

Ein Produkt wird dann null, wenn einer der Faktoren null ist. Gib die Definitionsmenge an.

a) $\frac{a}{x\cdot(x-7)}$ $\mathbb{D} = \mathbb{Q} \setminus \{\quad\}$

b) $\frac{x}{(x-7)(x+3)}$ $\mathbb{D} = \mathbb{Q} \setminus \{\quad\}$

c) $\frac{1}{x\cdot(x+7)(x+5)}$ $\mathbb{D} = \mathbb{Q} \setminus \{\quad\}$

Ausklammern:

d) $\frac{x}{x^2-7x}$ $\mathbb{D} = \mathbb{Q} \setminus \{\quad\}$

e) $\frac{c}{x^2+2x^3}$ $\mathbb{D} = \mathbb{Q} \setminus \{\quad\}$

Übung 5

Gib auch hier die Definitionsmenge an. (Kennst du die binomischen Formeln?)

a) $\frac{x}{x^2-9}$ $\mathbb{D} = \mathbb{Q} \setminus \{\quad\}$

b) $\frac{3}{25-x^2}$ $\mathbb{D} = \mathbb{Q} \setminus \{\quad\}$

c) $\frac{75}{x^2-4x+4}$ $\mathbb{D} = \mathbb{Q} \setminus \{\quad\}$

d) $\frac{2a}{x^2+10x+25}$ $\mathbb{D} = \mathbb{Q} \setminus \{\quad\}$

e) $\frac{x-4}{x^2+16}$ $\mathbb{D} = \mathbb{Q} \setminus \{\quad\}$

3 Bruchterme erweitern und kürzen

Erweitern heißt Zähler und Nenner eines Bruchterms mit dem gleichen Term ($\neq 0$) multiplizieren.
Kürzen heißt Zähler und Nenner eines Bruchterms durch den gleichen Term ($\neq 0$) dividieren.

$$\xrightarrow{\text{Erweitern}}$$
$$\frac{a}{b} = \frac{ac}{bc}$$
$$\xleftarrow[\text{Kürzen}]{}$$

Der Wert des Bruchterms bleibt dabei gleich. Aber die Definitionsmenge kann sich ändern!

Beim Kürzen von Potenzen erhältst du im Zähler oder im Nenner (dort, wo der größere Exponent steht) eine Potenz mit der Differenz der Exponenten.

Beispiel 1

$$\frac{12ab^2 \cdot (c+1)}{15ab^5 \cdot (c+1)d} = \frac{4}{5b^3d}$$

Beispiel 2

$$\frac{a+ab}{ac} = ?$$

Aus Differenzen und Summen darf man nicht kürzen. Aber man kann den Zähler faktorisieren, also die Summe im Zähler in ein Produkt verwandeln:

$$\frac{a+ab}{ac} = \frac{a \cdot (1+b)}{ac} = \frac{1+b}{c}$$

Übung 1

Kürze den Term vollständig.

a) $\frac{75}{125} =$

b) $\frac{5a}{25ac} =$

c) $\frac{5 \cdot (a+b)}{5 \cdot (a+b)} =$

d) $\frac{7{,}5ab}{-15b} =$

e) $\frac{5a^3b}{15ab^2} =$

f) $\frac{85a^3b^7c^2}{105a^3b^2c^4} =$

Übung 2 Faktorisiere Zähler und Nenner und kürze.

a) $\frac{10x + 15xy}{5x^2 + 5x} =$

b) $\frac{10x + 15xy}{2y + 3y^2} =$

c) $\frac{4x - 6y}{3y - 2x} =$

d) $\frac{x^2 - y^2}{x^2 - 2xy + y^2} =$

e) $\frac{45x^2 - 20y^2}{21x - 14y} =$

f) $\frac{15x + 15y}{3x^2 + 3y^2} =$

Übung 3 Erweitere auf den angegebenen Nenner.

a) $\frac{3}{-7} = \frac{\quad}{21}$

b) $\frac{p}{7q} = \frac{\quad}{21pq^2}$

c) $\frac{3}{2pq} = \frac{\quad}{8pq^3r}$

d) $\frac{q-1}{1-p} = \frac{\quad}{p-1}$

e) $\frac{3}{p+q} = \frac{\quad}{5p+5q}$

f) $\frac{5}{p} = \frac{\quad}{p^2 + pq}$

Übung 4 Noch einmal: Erweitere auf den angegebenen Nenner. Manchmal musst du dabei ein bisschen probieren.

a) $\frac{4u}{u+v} = \frac{\quad}{u^2 - v^2}$

b) $\frac{a-2}{2a-3} = \frac{\quad}{3-2a}$

c) $\frac{2a-1}{a+3} = \frac{\quad}{(a+3)^2}$

d) $\frac{a-2b}{3a-2b} = \frac{\quad}{9a^2 - 12ab + 4b^2}$

e) $\frac{1}{u^2 - v^2} = \frac{\quad}{u^4 - v^4}$

f)* $\frac{5a}{a-7} = \frac{\quad}{a^2 - 5a - 14}$

g) $\frac{b-a}{-a-b} = \frac{\quad}{2a+2b}$

h) $\frac{b}{a-2} = \frac{\quad}{a^2 - 4a + 4}$

i)* $\frac{x+5}{2-x} = \frac{\quad}{6 - x - x^2}$

j)* $\frac{-x}{a-5} = \frac{\quad}{10x^2 - 2ax^2}$

4 Hauptnenner von Bruchtermen

Der Hauptnenner (HN) von Bruchtermen ist das kleinste gemeinsame Vielfache (kgV) der Nenner dieser Bruchterme.

Beispiel 1

$\frac{1}{2ab}$ und $\frac{1}{2ac}$

Jeder vorkommende Faktor muss im Hauptnenner enthalten sein.

$\Rightarrow \quad \text{HN} = 2abc$

Beispiel 2

$\frac{1}{3xy^3}$ und $\frac{1}{6xy^2}$

Bei Potenzen mit gleicher Basis kommt die höchste Potenz in den Hauptnenner.

$\Rightarrow \quad \text{HN} = 6xy^3$

Beispiel 3

$\frac{1}{3x+3y}$ und $\frac{1}{x^2+2xy+y^2}$

Summen musst du möglichst faktorisieren: $3x + 3y = 3\cdot(x+y)$

$x^2 + 2xy + y^2 = (x+y)^2$

$\Rightarrow \quad \text{HN} = 3\cdot(x+y)^2$

Übung 1 **Bilde das kgV von N_1 und N_2.**

a) $N_1 = 14;$ $N_2 = 21;$ $\text{kgV}(N_1; N_2) =$

b) $N_1 = abc;$ $N_2 = 6a;$ $\text{kgV}(N_1; N_2) =$

c) $N_1 = 3xy;$ $N_2 = 12xy^2;$ $\text{kgV}(N_1; N_2) =$

d) $N_1 = x\cdot(x+1);$ $N_2 = x^2;$ $\text{kgV}(N_1; N_2) =$

e) $N_1 = x\cdot(x-1);$ $N_2 = x+1;$ $\text{kgV}(N_1; N_2) =$

f) $N_1 = 10ab^3c^5;$ $N_2 = 15a^2bc^2;$ $\text{kgV}(N_1; N_2) =$

g) $N_1 = 3x+3y;$ $N_2 = 10x+10y;$ $\text{kgV}(N_1; N_2) =$

h) $N_1 = a+b;$ $N_2 = a^2+ab;$ $\text{kgV}(N_1; N_2) =$

i) $N_1 = 6x-6y;$ $N_2 = x^2-y^2;$ $\text{kgV}(N_1; N_2) =$

j) $N_1 = 2xy;$ $N_2 = 5xy^4;$ $\text{kgV}(N_1; N_2) =$

k) $N_1 = ax-3a^2;$ $N_2 = 3ax^2+x^3$ $\text{kgV}(N_1; N_2) =$

l) $N_1 = a-x;$ $N_2 = xa$ $\text{kgV}(N_1; N_2) =$

Übung 2

Mache die Brüche gleichnamig, indem du sie auf den Hauptnenner erweiterst.

a) $\frac{1}{3a} =$; $\frac{1}{5ab} =$

b) $\frac{1}{3x^2} =$; $\frac{1}{15xy} =$

c) $\frac{1}{3u+3v} =$; $\frac{1}{5u+5v} =$

d) $\frac{1}{-3a} =$; $\frac{1}{2ab} =$

e) $\frac{5-a}{2a^2-8} =$; $\frac{a+3}{3a^2-12} =$

f) $\frac{1}{6a-3} =$; $\frac{a^2+5}{8a^3-4a^2} =$

Tipp

Bei komplizierten Bruchtermen behältst du beim Bestimmen von Hauptnenner und Erweiterungsfaktoren mithilfe einer Tabelle die Übersicht. Beispiel:

$$\frac{1}{4x^2-9y^2};\quad \frac{1}{10x+15y};\quad \frac{1}{2xz-3yz}$$

Nenner	Zerlegung in Faktoren	Erweiterungsfaktor
$4x^2-9y^2$	$(2x-3y)(2x+3y)$	$5z$
$10x+15y$	$5\cdot(2x+3y)$	$z\cdot(2x-3y)$
$2xz-3yz$	$z\cdot(2x-3y)$	$5\cdot(2x+3y)$
Hauptnenner:	$5z\cdot(2x-3y)(2x+3y)$	

Übung 3

Bestimme den Hauptnenner und die Erweiterungsfaktoren (EF):

a) $\frac{1}{a^2-a}$; $\frac{1}{a+1}$; HN = ; EF : ;

b) $\frac{3}{x-y}$; $\frac{a}{x^2-y^2}$; $\frac{b}{2x+2y}$; HN =
EF : ; ;

c) $\frac{1}{2x+2y}$; $\frac{1}{3x-3y}$; $\frac{1}{6x}$; HN =
EF : ; ;

5 Addition und Subtraktion gleichnamiger Bruchterme

Bruchterme mit gleichem Nenner werden wie gewöhnliche Brüche mit gleichem Nenner addiert und subtrahiert.

$$\frac{a}{c} + \frac{b}{c} = \frac{a+b}{c}$$

$$\frac{a}{c} - \frac{b}{c} = \frac{a-b}{c}$$

Steht im Zähler eines Bruchterms eine Summe oder Differenz, so setzt man diese auf dem gemeinsamen Bruchstrich zunächst in Klammern.
Gib das Ergebnis immer in vollständig gekürzter Form an.

Beispiel

$$\frac{x+y}{z} - \frac{x-2y}{z} = \frac{(x+y)-(x-2y)}{z} = \frac{x+y-x+2y}{z} = \frac{3y}{z}$$

Übung 1

Fasse die Terme zusammen.

a) $\frac{1}{8} + \frac{5}{8} - \frac{3}{8} =$

b) $\frac{7}{a} + \frac{4}{a} - \frac{1}{a} =$

c) $\frac{2}{5b} + \frac{1}{5b} - \frac{4}{5b} =$

d) $\frac{1}{7x} + \frac{2}{7x} + \frac{4}{7x} =$

e) $\frac{4}{3a} - \frac{8}{3a} + \frac{4}{3a} =$

f) $\frac{b}{a^2} + \frac{2b}{a^2} - \frac{7b}{a^2} =$

g) $-\frac{6+a}{y} + \frac{9}{y} - \frac{4-a}{y} =$

h) $\frac{xy-1}{xy} - \frac{2+3xy}{xy} + \frac{6xy+7}{xy} - \frac{2xy+4}{xy} =$

Übung 2

Fasse auch diese Terme zusammen.

a) $\frac{2}{x+1} + \frac{5}{x+1} - \frac{10}{x+1} =$

b) $\frac{2}{a+b} + \frac{-3}{a+b} - \frac{-5}{a+b} =$

c) $\frac{4x}{3x+1} + \frac{7x}{3x+1} - \frac{8x}{3x+1} =$

d) $\frac{3x}{3x+1} + \frac{1}{3x+1} =$

e) $\frac{3a}{a+b} + \frac{5a}{a+b} - \frac{2b}{a+b} =$

f) $\frac{2x}{x-y} + \frac{2y}{x-y} - \frac{4y}{x-y} =$

g) $\frac{1-8ax}{2-ax} + \frac{ax+2}{2-ax} - \frac{-2-7ax}{2-ax} =$

h)* $-\frac{2y+3b^2}{y^2-4b^4} - \frac{b^2-3y}{y^2-4b^4} + \frac{6b^2}{y^2-4b^4} =$

Beispiel

$$\frac{a+2b-3c}{d} = \frac{a}{d} + \frac{2b}{d} - \frac{3c}{d}$$

Übung 3

Trenne die Bruchterme nach obigem Beispiel auf.

a) $\frac{a-3c}{c} =$

b) $\frac{2a-3b}{a} =$

c) $\frac{x^2+xy}{y} =$

d) $\frac{a^2-5a+2}{a^2} =$

e) $\frac{5a+10b}{5} =$

f) $\frac{3x^2+5x}{x} =$

g) $\frac{3x+xy-5y}{2xy} =$

Übung 4

Fasse die Terme zusammen.

a) $\frac{a-b}{a+b} + \frac{2a-b}{a+b} =$

b) $\frac{2x-3y}{x+y} - \frac{5x-8y}{x+y} =$

c) $\frac{2\cdot(3a-1)}{2a+1} + \frac{3\cdot(1-2a)}{2a+1} =$

d) $\frac{a^2}{a+b} + \frac{2ab+b^2}{a+b} =$

e) $\frac{10a^2}{a-b} - \frac{20ab-10b^2}{a-b} =$

f) $\frac{a}{a+3} - \frac{a^2-2a}{a+3} =$

Übung 5

Bringe durch Kürzen oder Erweitern auf gleichen Nenner und fasse dann zusammen.

a) $\frac{10}{2a} + \frac{4}{a} + \frac{a}{a^2} =$

b) $\frac{5}{x} + \frac{10}{2x} + \frac{1}{-x} =$

c) $\frac{2}{x} + \frac{-3}{-x} - \frac{4}{-x} =$

d) $\frac{1}{a-b} + \frac{1}{-a+b} =$

e) $\frac{10a}{a-b} + \frac{b}{b-a} =$

f) $\frac{20}{10x} + \frac{0{,}5}{0{,}1x} =$

6 Addition und Subtraktion ungleichnamiger Bruchterme

Ungleichnamige Bruchterme müssen zuerst durch Erweitern auf den Hauptnenner gleichnamig gemacht werden. Als Hauptnenner wählt man das kleinste gemeinsame Vielfache (kgV) der einzelnen Nenner. Danach addiert oder subtrahiert man die gleichnamigen Bruchterme.

Gib das Ergebnis immer in vollständig gekürzter Form an.

Beispiel

$$\frac{a-b}{3a+3b}-\frac{a-2b}{4a+4b}=\frac{a-b}{3\cdot(a+b)}-\frac{a-2b}{4\cdot(a+b)}=$$

$$=\frac{4\cdot(a-b)}{12\cdot(a+b)}-\frac{3\cdot(a-2b)}{12\cdot(a+b)}=\frac{4\cdot(a-b)-3\cdot(a-2b)}{12\cdot(a+b)}=$$

$$=\frac{4a-4b-3a+6b}{12\cdot(a+b)}=\frac{a+2b}{12\cdot(a+b)}$$

Übung 1

Fasse zusammen.

a) $\frac{1}{3a}-\frac{1}{2a}+\frac{1}{a}=$

b) $\frac{3}{4x}-\frac{1}{x}+\frac{5}{6x}=$

c) $\frac{4a}{7b}-\frac{2a}{5b}+\frac{a}{b}=$

d) $\frac{4}{5c}+\frac{2}{-c}-\frac{8}{3c}=$

e) $\frac{2}{3y}-\frac{5}{8y}-\frac{1}{-6y}=$

f) $\frac{b}{7a}+\frac{2b}{5a}-\frac{3}{1}=$

Übung 2

Fasse die Brüche mit unterschiedlichen Nennern zusammen.

a) $\frac{5}{a}-\frac{4}{b}=$

b) $\frac{3}{xy}-\frac{2}{xz}=$

c) $\frac{5}{a^2}+\frac{2}{a}=$

d) $\frac{1}{x^4y}-\frac{2}{xy^2}=$

e) $\frac{1+x^5}{x^7}-\frac{1-x}{x^2}=$

f) $\frac{5}{x}-\frac{7}{x^3}+3=$

Übung 3 Fasse auch hier alle Terme zusammen.

a) $\frac{1}{x+y} - \frac{1}{y+z} =$

b) $\frac{3}{3-x} - \frac{2}{x+2} =$

c) $\frac{x}{x-1} - \frac{x}{1-y} =$

d) $\frac{1}{x} - \frac{1}{x+1} =$

e) $\frac{1}{a+1} + 1 =$

f) $x - \frac{x^2+y^2}{x} =$

g) $1 - \frac{a^2-2b^2}{a^2} =$

h) $\frac{1}{x-1} + \frac{1}{1-x} =$

Übung 4 Dasselbe noch einmal, aber ein bisschen komplizierter:

a) $\frac{25x-17y}{3x+6y} - \frac{18x+3y}{5x+10y} =$

b) $\frac{a}{10a+20b} - \frac{2b}{3a+6b} =$

c) $\frac{3x+5y}{45x+12y} + \frac{3x-2y}{30x+8y} =$

d) $\frac{xy^2}{(x+y)^2} - \frac{y^2}{x+y} =$

e) $\frac{b}{a^2+ab} - \frac{a}{ab+b^2} =$

f) $\frac{5a}{a-b} - \frac{3a}{b-a} =$

Übung 5 Der Endspurt: Fasse zusammen.

a) $\frac{3}{a+1} + \frac{6}{a^2-1} =$

b) $\frac{y}{x^2+xy} + \frac{x-y}{(x+y)^2} =$

c) $\frac{3}{xy-y^2} - \frac{5}{x^2-y^2} =$

d) $\frac{3}{a+1} - \frac{2}{a-1} + \frac{6}{a^2-1} =$

e) $\frac{5a}{a+3} - \frac{5a^2-a}{(a+3)^2} =$

f) $\frac{a}{2a+1} + \frac{1}{4a^2+4a+1} + 1 =$

7 Multiplikation

$$\frac{a}{b}\cdot\frac{c}{d} = \frac{a\cdot c}{b\cdot d}$$

$$a\cdot\frac{b}{c} = \frac{a\cdot b}{c}$$

Gib das Ergebnis immer in vollständig gekürzter Form an.

Beispiel

$\frac{3}{x}\cdot\frac{2a}{y} = \frac{6a}{xy}$; $\quad x\cdot\frac{y}{x^3} = \frac{xy}{x^3} = \frac{y}{x^2}$

Übung 1

Multipliziere.

a) $\frac{2}{3}\cdot\frac{3}{8} =$

b) $-2\cdot\frac{1}{5} =$

c) $\frac{1}{11}\cdot\frac{3}{5} =$

d) $5\cdot\frac{2}{10} =$

e) $\left(-\frac{3}{8}\right)\cdot\left(-\frac{1}{3}\right) =$

f) $\frac{2}{7}\cdot 5 =$

Übung 2

Fasse zu einem Bruch zusammen.

a) $\frac{3}{x}\cdot\frac{10}{y^2} =$

b) $\left(-\frac{3x}{4}\right)\cdot\left(-\frac{2}{y}\right) =$

c) $\left(-\frac{3a}{2b}\right)^2 =$

d) $\left(-\frac{4a}{5b}\right)^3 =$

e) $6a\cdot\frac{b^2c}{a^2} =$

f) $\frac{xy}{z^2}\cdot z =$

Übung 3

Wandle in einen Bruch um.

a) $\frac{abc}{x}\cdot\frac{x^2}{b^2c} =$

b) $-2x^2\cdot\frac{yz}{x^3} =$

c) $\frac{36a^2b}{5c^3}\cdot\frac{25bc}{9a} =$

d) $\left(\frac{c}{ab}\right)^2\cdot\frac{a^2b^2}{c^2} =$

e) $-4x^3\cdot\frac{x^2}{2y^2} =$

f) $-x\cdot\left(-\frac{x}{y}\right)^2 =$

g) $\frac{5b}{a}\cdot\frac{xy}{2b}\cdot\frac{3a^2}{x} =$

h) $\frac{-uv}{9x^3}\cdot\frac{8x}{u}\cdot\frac{3x^2}{-64v^2} =$

Übung 4

Hier wird scheinbar $12 \cdot 2 = 14$ bewiesen. Was fällt dir dabei auf?

$$12 \cdot 2 = \frac{24}{2} \cdot \frac{2}{1} = \frac{20+4}{2} \cdot \frac{2}{1} = \frac{20+4 \cdot 2}{2 \cdot 1} = \frac{28}{2} = 14 \ ??$$

....

Übung 5

Fasse zu einem Bruch zusammen.

a) $\frac{x+5}{2x^2} \cdot \frac{4}{x} =$

b) $\frac{3a+3b}{xy} \cdot \frac{z}{5a+5b} =$

c) $\frac{5x+5y}{ab} \cdot \frac{c}{(x+y)^2} =$

d) $\frac{x^2+y^2}{x^2-y^2} \cdot \frac{x+y}{2} =$

e) $\frac{6a-6b}{xy^2} \cdot \frac{y}{b-a} =$

f) $\frac{x}{a+b} \cdot \frac{a+b}{y} =$

Übung 6

Fasse den Ausdruck zusammen.

a) $\frac{15x+6y}{3a+3b} \cdot \frac{12 \cdot (a+b)^2}{5x+2y} =$

b) $\frac{16x+20}{9-x} \cdot \frac{4x^2-9}{16x^2-25} =$

c) $\frac{a^2-10a+25}{a+1} \cdot \frac{a^2+2a+1}{a-5} =$

d) $\frac{3a+6b}{a-b} \cdot \frac{a^2-b^2}{(a+2b)^2} =$

e) $(10a^2-140a+490) \cdot \frac{a}{a^2-49} =$

f)* $\frac{39a-3x}{9y^2+102y+289} \cdot \frac{289-9y^2}{13ax-x^2} =$

8 Division

Die wichtigste Divisionsregel lautet: „Man dividiert durch einen Bruchterm, indem man mit seinem Kehrbruch multipliziert."

$$a : \frac{b}{c} = a \cdot \frac{c}{b} = \frac{a \cdot c}{b}$$

$$\frac{a}{b} : \frac{c}{d} = \frac{a}{b} \cdot \frac{d}{c} = \frac{a \cdot d}{b \cdot c}$$

$$\frac{a}{b} : c = \frac{a}{b \cdot c}$$

Beispiel

$$5 : \frac{b}{a} = 5 \cdot \frac{a}{b} = \frac{5a}{b}$$

$$\frac{2x}{3yz} : \frac{5}{y^2} = \frac{2x}{3yz} \cdot \frac{y^2}{5} = \frac{2xy}{15z}$$

$$\frac{12x}{5y} : 6 = \frac{12x}{5y \cdot 6} = \frac{2x}{5y}$$

Übung 1

Teile und vereinfache so weit wie möglich.

a) $\frac{1}{3} : \frac{1}{2} =$

b) $\frac{2x}{y} : (5x) =$

c) $12 : \left(-\frac{1}{a}\right) =$

d) $\frac{xy}{z^2} : \frac{x}{z} =$

e) $\frac{5a}{6b} : \frac{2c}{3d} =$

f) $-\frac{1}{a} : \left(-\frac{1}{ab}\right) =$

Übung 2

Teile und vereinfache nach Möglichkeit.

a) $24a : \frac{12b}{5} =$

b) $100ab^2c^3 : \frac{25a^2}{9b} =$

c) $\frac{64x^2y^2}{27z^3} : (16xy^2) =$

d) $\frac{5 \cdot (a+b)}{19x} : \frac{25}{3x^2} =$

e) $\frac{51x^4y^6}{11a^2} : (85x^2y^4) =$

f) $\left(\frac{2x}{y} : \frac{2b}{a}\right) : \frac{b}{y} =$

g) $\frac{3a}{4b} : \left(-\frac{1}{2b^2}\right) =$

h)* $-\frac{16av^3y^3c^5}{7x^2b} : \frac{2cv^3y^2u}{21b^4x^6} =$

Übung 3

Teile und vereinfache wo möglich.

a) $\frac{a+b}{c} : \frac{2a+2b}{d} =$

b) $(3x+3y) : \frac{5x+5y}{-z} =$

c) $\frac{a+b}{a-b} : \frac{a^2+b^2}{(a-b)^2} =$

d) $\frac{a-b}{a+b} : \frac{b-a}{b+a} =$

e) $\frac{a-b}{a+b} : \frac{a+b}{a-b} =$

f) $\frac{5x+5y}{x} : (x+y)^2 =$

Übung 4

Hier wird scheinbar $6 : 3 = \frac{1}{2}$ bewiesen. Wo liegt der Fehler?

$$6 : 3 = \frac{12}{2} : \frac{3}{1} = \frac{2}{12} \cdot \frac{3}{1} = \frac{6}{12} = \frac{1}{2}$$

Übung 5

Gib das Ergebnis in vollständig gekürzter Form an.

a) $\frac{4x-3y}{x-3y} : \frac{36x-27y}{5x-15y} =$

b) $\frac{x^2-3x}{x^3y-xy^3} : \frac{x-3}{x^2y+xy^2} =$

c) $\frac{4x^2-9y^2}{5xy} : (8x-12y) =$

d) $(a^2+6a+9) : \frac{a+3}{a-3} =$

e) $\frac{a-1}{9b^2-12b+4} : \frac{a^2-2a+1}{2-3b} =$

f) $\frac{a^3-b^3}{a-b} : \frac{a+b}{a-b} =$

9 Doppelbrüche

Doppelbrüche kann man vereinfachen, indem man den Hauptbruchstrich durch ein „geteilt durch"-Zeichen (Doppelpunkt) ersetzt und die Regeln für die Division von Bruchtermen anwendet:

$$\frac{\frac{a}{b}}{\frac{c}{d}} = \frac{a}{b} : \frac{c}{d} = \frac{a \cdot d}{b \cdot c}$$

Doppelbrüche müssen einen deutlich hervorgehobenen (längeren oder dickeren) Hauptbruchstrich haben.

Beispiel

$$\frac{\frac{1}{2}}{\frac{1}{3}} = \frac{1}{2} : \frac{1}{3} = \frac{1}{2} \cdot \frac{3}{1} = \frac{3}{2} = 1\frac{1}{2}$$

Übung 1

Vereinfache.

a) $\frac{3}{\frac{1}{8}} =$

b) $\frac{\frac{3}{7}}{1\frac{2}{3}} =$

c) $\frac{\frac{11}{18}}{\frac{7}{6}} =$

d) $\frac{\frac{39}{100}}{-13} =$

Übung 2

Vereinfache, diesmal mit Variablen.

a) $\frac{\frac{2a}{b}}{d} =$

b) $\frac{\frac{ab}{d}}{\frac{ac}{b}} =$

c) $\frac{\frac{2a}{3b}}{6a^2} =$

d) $\frac{\frac{x^2}{5y}}{\frac{5x}{z}} =$

e) $\frac{\frac{u^2}{vw^2}}{\frac{u^2 w}{v^2}} =$

f)* $\frac{\frac{21ab^2x^5}{2yz}}{\frac{7a^2b^2}{26y^3z}} =$

Übung 3

Wie lauten diese Doppelbrüche in vereinfachter Form?

a) $\dfrac{\frac{1}{a-b}}{\frac{1}{a+b}} =$

c) $\dfrac{\frac{a^2-b^2}{a}}{\frac{a+b}{b}} =$

b) $\dfrac{\frac{1}{3x+4y}}{\frac{3}{30x+40y}} =$

d) $\dfrac{a-b}{\frac{b-a}{c}} =$

Übung 4

Fasse Summen und Differenzen zuerst zusammen und löse dann den Doppelbruch auf.

a) $\dfrac{\frac{1}{2}+\frac{1}{3}}{\frac{1}{2}-\frac{1}{3}} =$

c) $\dfrac{2+\frac{x}{y}}{2-\frac{x}{y}} =$

b) $\dfrac{\frac{1}{a}+\frac{1}{b}}{\frac{1}{a}-\frac{1}{b}} =$

d) $\dfrac{\frac{1}{abc}}{\frac{1}{ab}-\frac{1}{bc}} =$

Übung 5

Gib die Definitionsmenge des Bruchterms an.
Beachte, dass *alle* Nenner ungleich null sein müssen.

a) $\dfrac{\frac{1}{2x}}{\frac{1}{x+1}}$ $\qquad \mathbb{D} =$

b) $\dfrac{x+3}{\frac{1}{x}-\frac{1}{3}}$ $\qquad \mathbb{D} =$

c) $\dfrac{\frac{1}{x+3}}{\frac{x}{x-2}}$ $\qquad \mathbb{D} =$

10 Vermischte Aufgaben I

Übung 1 Berechne.

a) $\left(\frac{1}{2}+\frac{1}{3}\right):\frac{1}{4}=$

b) $\dfrac{\frac{1}{2}}{\frac{1}{4}-\frac{1}{3}}=$

c) $\left(\frac{3}{4}-\frac{7}{8}\right)\cdot\left(\frac{1}{12}+\frac{4}{3}\right)=$

d) $\left[\left(\frac{1}{16}:\frac{1}{8}\right):\frac{1}{4}\right]:\frac{1}{2}=$

e) $\left(\frac{1}{4}\cdot\frac{1}{3}\cdot\frac{1}{6}\right):\frac{1}{20}=$

f) $\left(-\frac{16}{32}\right)^5=$

Übung 2 Fasse zu einem einzigen Bruch zusammen.

a) $\left(\frac{a}{b}+\frac{c}{b}\right)\cdot\frac{b^2}{a+c}=$

b) $\left(1+\frac{b}{2a}\right)^2=$

c) $\left(\frac{u}{v}+\frac{w}{3}\right)\cdot\left(\frac{u}{v}-\frac{w}{3}\right)=$

d) $\left(\frac{a}{3b}+\frac{5}{a}\right)^2-\left(\frac{a}{3b}-\frac{5}{a}\right)^2=$

e) $\left(\frac{1}{a}+\frac{1}{b}\right)\cdot\left(\frac{1}{c}+\frac{1}{d}\right)=$

f) $\left(\frac{1}{u^2}-\frac{1}{v^2}\right)\cdot(-2uv)=$

Übung 3 Fasse den Term zu einem einzigen Bruch zusammen.

a) $(a+b):\left(\frac{1}{a}+\frac{1}{b}\right)=$

b) $(a-b):\left(\frac{1}{a}-\frac{1}{b}\right)=$

c) $\left(\frac{2x}{3y}+\frac{5x}{7y}\right):\left(\frac{2x}{3y}-\frac{5x}{7y}\right)=$

d) $\left(\frac{a}{b}-\frac{b}{a}\right):\left(\frac{1}{a}-\frac{1}{b}\right)=$

e) $\dfrac{\frac{u}{3}+\frac{v}{4}}{\frac{u}{3}-\frac{v}{4}}=$

f) $\dfrac{1-\frac{(x+y)^2}{4xy}}{1-\frac{x}{y}}=$

g) $\dfrac{\frac{1}{y}+\frac{1}{x}}{\frac{x}{y}-\frac{y}{x}}=$

h) $(4v-3u)\cdot\left(\frac{u}{3}-\frac{v}{4}\right):\left(\frac{u}{4}-\frac{v}{3}\right)=$

Übung 4

Erweitere die Brüche auf den Hauptnenner.

a) $\dfrac{a}{bc^3} =$ ______ ; $\dfrac{b}{ac^4} =$ ______ ; $\dfrac{c}{a^2b^2} =$ ______

b) $\dfrac{y}{x^2 + xy} =$ ______ ; $\dfrac{x + y}{xy} =$ ______ ; $\dfrac{x}{x + y} =$ ______

c) $\dfrac{a}{3a + 3b} =$ ______ ; $\dfrac{b}{a^2 - b^2} =$ ______ ; $\dfrac{a}{3a - 3b} =$ ______

d) $\dfrac{u}{u^2 + 10u + 25} =$ ______ ; $\dfrac{1}{5u + 25} =$ ______ ; $\dfrac{5}{u + 5} =$ ______

Übung 5

Ein bisschen Denksport gefällig?
Ergänze auf der linken Seite der Gleichung beliebige mathematische Zeichen, aber keine Ziffern, sodass die Gleichung stimmt.

a) 2 2 2 = 6

b) 3 3 3 = 6

c) 5 5 5 = 6

d) 6 6 6 = 6

e) 7 7 7 = 6

Wenn du einen Bruder in der 9. Klasse hast, der müsste die Aufgabe auch mit 4, 8 und 9 schaffen. Ein Abiturient müsste sie auch mit 1 und 10 schaffen.

11 Wiederholung: Gewöhnliche Gleichungen

Du hast schon gelernt, wie man Gleichungen löst, nämlich mit *Äquivalenzumformungen:*

- Bringe alle Glieder mit x auf eine Seite, den Rest auf die andere Seite.
- Fasse gleichartige Glieder zusammen.
- Dividiere durch den Faktor vor x.

Die Lösungsmenge $\mathbb{L}$ ist Teilmenge der Grundmenge $\mathbb{G}$. Falls nichts anderes angegeben ist, ist $\mathbb{G} = \mathbb{Q}$, die Menge der rationalen Zahlen.

Sonderfälle:
Ergibt sich bei einer Gleichung eine wahre Aussage (z.B. $1 = 1$), dann gilt: $\mathbb{L} = \mathbb{G}$
Führt eine Gleichung zu einer falschen Aussage (z.B. $1 = 0$), dann gilt: $\mathbb{L} = \{\,\}$

Beispiel

$$\begin{aligned} 5x + 3 &= x - 5 && \mid -x \\ 4x + 3 &= -5 && \mid -3 \\ 4x &= -8 && \mid :4 \\ x &= -2 \end{aligned}$$

Probe: l. S.: $5 \cdot (-2) + 3 = -7$; r. S.: $-2 - 5 = -7 \quad \Rightarrow \quad \mathbb{L} = \{-2\}$

Übung 1

Löse die Gleichung mit der Grundmenge $\mathbb{G} = \mathbb{N}$.

a) $5x + 7 = 20x - 8$ $\quad \mathbb{L} =$

b) $3x - 2 = 2 - 3x$ $\quad \mathbb{L} =$

c) $15 + 4x = 4x + 15$ $\quad \mathbb{L} =$

d) $10x + 5 = -5x - 25$ $\quad \mathbb{L} =$

e) $-3x - 5 = -x - 15$ $\quad \mathbb{L} =$

f) $5x + 8 = 14 + 5x$ $\quad \mathbb{L} =$

Übung 2

Löse die Gleichung mit der Grundmenge $\mathbb{G} = \mathbb{Q}$.
Schaffst du die Probe auch ohne Taschenrechner?

a) $26 - x = 34 - 3x$ $\quad \mathbb{L} =$ $\quad$ Probe: l. S.: $\quad$ r. S.:

b) $51 + 13x = 65 - 8x$ $\quad \mathbb{L} =$ $\quad$ Probe: l. S.: $\quad$ r. S.:

c) $190 - 15x = 17x + 30$ $\quad \mathbb{L} =$ $\quad$ Probe: l. S.: $\quad$ r. S.:

d) $3x + 10 = 7x + 8$ $\quad \mathbb{L} =$ $\quad$ Probe: l. S.: $\quad$ r. S.:

e) $24x + 98 = 38x$ $\quad \mathbb{L} =$ $\quad$ Probe: l. S.: $\quad$ r. S.:

f) $37u + 19 = 23u - 8$ $\quad \mathbb{L} =$ $\quad$ Probe: l. S.: $\quad$ r. S.:

Übung 3

Löse die Gleichung.

a) $12a + 5x = 23a - 6x$ $\mathbb{L} =$

b) $14{,}7a + 2{,}5x = 19{,}2a - 2{,}5x$ $\mathbb{L} =$

c) $5x + 2\frac{1}{2}a = 10x$ $\mathbb{L} =$

d) $24p + x - 15p - 4x + 9p = 0$ $\mathbb{L} =$

e) $3x + 14p = -5x + 14p$ $\mathbb{L} =$

Übung 4

Löse zuerst die Klammern auf.

a) $49 - (6x + 16) = 5x$ $\mathbb{L} =$

b) $8x + (12 - 5x) = 29 - (17 - 2x)$ $\mathbb{L} =$

c) $2x + (7 - 5x) = -(3x - 8)$ $\mathbb{L} =$

d) $0 = 11 - (10 - 6x) - (16x - 15)$ $\mathbb{L} =$

e) $-(x - 5) = 5 - x$ $\mathbb{L} =$

Übung 5

Kennst du die binomischen Formeln?

a) $(x + 5)^2 = (x + 6)(x + 4) + 1$ $\mathbb{L} =$

b) $(x - 3)^2 = (x + 3)^2$ $\mathbb{L} =$

c) $(x - 2)(x + 2) = (x + 1)^2 - 7$ $\mathbb{L} =$

d) $\left(x + \frac{1}{2}\right)^2 = \left(x + \frac{1}{2}\right)\left(x - \frac{1}{2}\right) + 1$ $\mathbb{L} =$

Übung 6

Kreuze schnell die richtige Lösungsmenge an.

a) $5x = 10x$ $\mathbb{L} =$ ☐ { } ☐ {0} ☐ $\mathbb{Q}$

b) $x + 1 = 1 + x$ $\mathbb{L} =$ ☐ { } ☐ {0} ☐ $\mathbb{Q}$

c) $-1 - 5x = -(5x - 1)$ $\mathbb{L} =$ ☐ { } ☐ {0} ☐ $\mathbb{Q}$

d) $-x = x$ $\mathbb{L} =$ ☐ { } ☐ {0} ☐ $\mathbb{Q}$

Übung 7

Wie heißt die Lösungsmenge zu $\frac{1}{3}x + \frac{7}{2} = \frac{1}{12}x - \frac{1}{4}$?

a) mit der Grundmenge $\mathbb{G} = \mathbb{N}$? $\mathbb{L} =$

b) mit der Grundmenge $\mathbb{G} = \mathbb{Z}$? $\mathbb{L} =$

c) mit der Grundmenge $\mathbb{G} = \mathbb{Q}$? $\mathbb{L} =$

12 Definitionsmenge von Bruchgleichungen

Eine Bruchgleichung ist eine Gleichung, bei der die Unbekannte im Nenner vorkommt.

Eine Bruchgleichung ist nur dann definiert, wenn alle vorkommenden Bruchterme definiert sind.
Man erhält die Definitionsmenge einer Bruchgleichung, indem man aus der Grundmenge alle Nennernullstellen ausschließt.

Wenn nichts anderes gesagt wird, ist die Grundmenge $\mathbb{Q}$.

Beispiel

$$\frac{1}{x+3} = \frac{2}{x-2}; \quad \mathbb{G} = \mathbb{Q}$$

Mit $x = -3$ und $x = 2$ erhält man null im Nenner, also muss man -3 und 2 aus der Grundmenge ausschließen.
$\Rightarrow \quad \mathbb{D} = \mathbb{Q} \setminus \{-3; 2\}$

Übung 1

Gib die Definitionsmenge der Bruchgleichung an.

a) $\frac{1}{x} = 5$ $\qquad \mathbb{D} =$

b) $\frac{1}{x} = \frac{1}{2x} + \frac{1}{2}$ $\qquad \mathbb{D} =$

c) $\frac{2}{x+2} = 3$ $\qquad \mathbb{D} =$

d) $\frac{1}{5x+1} = \frac{1}{26}$ $\qquad \mathbb{D} =$

e) $\frac{x}{\frac{1}{2}x - 1} = 3$ $\qquad \mathbb{D} =$

f) $\frac{x}{3} + \frac{x}{4} = 10$ $\qquad \mathbb{D} =$

Übung 2

Gib die Definitionsmenge an.

a) $\frac{5}{2x+1} = \frac{3}{x - \frac{1}{2}}$ $\qquad \mathbb{D} =$

b) $\frac{25}{4x+1} = \frac{8}{3x-1}$ $\qquad \mathbb{D} =$

c) $\frac{7}{3x-1} = \frac{-2}{1-3x}$ $\mathbb{D}$ =

d) $\frac{4}{x^2} = \frac{2}{\frac{1}{2}x+1}$ $\mathbb{D}$ =

e) $\frac{6}{5x+9} = \frac{8}{11x-2}$ $\mathbb{D}$ =

Übung 3

Faktorisiere die Nenner, falls möglich, und gib die Definitionsmenge an.

a) $\frac{x}{x+1} - \frac{2x}{x-2} + \frac{3x+1}{3x-6} = 0$ $\mathbb{D}$ =

b) $\frac{2x-11}{7x+35} + \frac{4-3x}{2x+3} + \frac{3x+4}{2x+10} = 5$ $\mathbb{D}$ =

c) $\frac{0{,}5x}{2x-3} + \frac{2x+3}{x+2} = \frac{x}{4x-6}$ $\mathbb{D}$ =

d) $\frac{1}{x+2} + \frac{2}{x-2} = \frac{5}{x^2-4}$ $\mathbb{D}$ =

e) $\frac{x+1}{x+7} - \frac{x}{3x+21} = \frac{2x-1}{x^2-49}$ $\mathbb{D}$ =

Übung 4

Faktorisiere die Nenner, falls möglich. Manchmal musst du dabei ein bisschen probieren. Gib die Definitionsmenge an.

a) $\frac{x}{x+3} - \frac{2x}{3x+9} = \frac{x^2+1}{x^2+6x+9}$ $\mathbb{D}$ =

b) $\frac{x+1}{x-2} + \frac{x}{x+2} = \frac{x^2}{x^2+4x+4}$ $\mathbb{D}$ =

c) $\frac{2x-13}{x-1} + \frac{5x+3}{x-8} = \frac{7x^2+8}{x^2-9x+8}$ $\mathbb{D}$ =

d) $\frac{6x^2-23x-3}{x^2-2x-15} - \frac{10x-15}{x+3} = \frac{30-4x}{x-5}$ $\mathbb{D}$ =

e) $\frac{x}{x-3} = \frac{x^2-2}{x^2+x}$ $\mathbb{D}$ =

f) $\frac{x+5}{x^2} - \frac{2}{x^2+1} = 0$ $\mathbb{D}$ =

13 Multiplizieren mit dem Nenner

Enthält eine Bruchgleichung nur einen Bruch oder nur Brüche mit gleichem Nenner, dann kannst du folgendermaßen vorgehen:

1. Bestimme die Definitionsmenge.
2. Multipliziere die Gleichung mit dem Nenner. Damit fallen die Brüche weg.
3. Löse die Gleichung.
4. Überprüfe, ob die Lösung in der Definitionsmenge enthalten ist. (Falls nicht, ist die Lösungsmenge leer.)
5. Gib die Lösungsmenge an.
6. Um sicherzugehen, kannst du die Probe machen.

Ergibt sich beim Umformen eine *wahre* Aussage (w), so ist die Lösungsmenge gleich der Definitionsmenge.
Ergibt sich eine *falsche* Aussage (f), so ist die Lösungsmenge leer.

Beispiel

$$\frac{1}{x-1} = 2; \quad \mathbb{D} = \mathbb{Q} \setminus \{1\}$$

Mit dem Nenner multiplizieren:

$$\begin{aligned} 1 &= 2 \cdot (x-1) \\ 1 &= 2x - 2 \\ 2x &= 3 \\ x &= \frac{3}{2} \end{aligned}$$

Ist x in $\mathbb{D}$ enthalten?

Ja, $\frac{3}{2} \in \mathbb{Q} \setminus \{1\} \quad \Rightarrow \quad \mathbb{L} = \left\{\frac{3}{2}\right\}$ Probe: l. S.: 2 ; r. S.: 2

Übung 1

Gib Definitions- und Lösungsmenge der Bruchgleichung an.

a) $\frac{1}{x} = \frac{7}{3}$ $\mathbb{D} =$ ______ $\mathbb{L} =$ ______

b) $\frac{1}{2x} = 0$ $\mathbb{D} =$ ______ $\mathbb{L} =$ ______

c) $\frac{2}{3x} = \frac{8}{3}$ $\mathbb{D} =$ ______ $\mathbb{L} =$ ______

d) $\frac{1}{x-2} = \frac{1}{2}$ $\mathbb{D} =$ ______ $\mathbb{L} =$ ______

e) $\frac{1}{2x-1} = 2$ $\mathbb{D} =$ ______ $\mathbb{L} =$ ______

Übung 2 **Gib Definitions- und Lösungsmenge an.**

a) $\dfrac{x+5}{x} = 2$ $\mathbb{D}$ = $\mathbb{L}$ =

b) $\dfrac{3x+2}{3x+3} = 1$ $\mathbb{D}$ = $\mathbb{L}$ =

c) $\dfrac{x-1}{3x-3} = \dfrac{1}{3}$ $\mathbb{D}$ = $\mathbb{L}$ =

d) $\dfrac{3}{x} = \dfrac{11}{x} - 2$ $\mathbb{D}$ = $\mathbb{L}$ =

e) $\dfrac{25}{2x+3} = 5$ $\mathbb{D}$ = $\mathbb{L}$ =

f) $\dfrac{18}{7-x} - 6 = 0$ $\mathbb{D}$ = $\mathbb{L}$ =

Übung 3 **Bestimme wieder Definitions- und Lösungsmenge.**

a) $\dfrac{x}{x+1} + \dfrac{1}{x+1} = 1$ $\mathbb{D}$ = $\mathbb{L}$ =

b) $\dfrac{2x+6}{x} = 4$ $\mathbb{D}$ = $\mathbb{L}$ =

c) $\dfrac{18x+5}{3x+2} = 7$ $\mathbb{D}$ = $\mathbb{L}$ =

d) $(5x+6) : (3x-8) = 1$ $\mathbb{D}$ = $\mathbb{L}$ =

e) $13x : (7+8x) = -1$ $\mathbb{D}$ = $\mathbb{L}$ =

Übung 4 **Und noch einmal: Gib Definitions- und Lösungsmenge an.**

a) $\dfrac{3}{x} + 3 = \dfrac{9}{x} - 1$ $\mathbb{D}$ = $\mathbb{L}$ =

b) $2 \cdot \left(7 - \dfrac{1}{x}\right) = \dfrac{5}{x} + 7$ $\mathbb{D}$ = $\mathbb{L}$ =

c) $\dfrac{8}{x} - 10 = \dfrac{1}{x} + \dfrac{2}{x}$ $\mathbb{D}$ = $\mathbb{L}$ =

d) $\dfrac{6}{x-2} + 3 = \dfrac{3}{x-2}$ $\mathbb{D}$ = $\mathbb{L}$ =

e) $\dfrac{1}{x} + \dfrac{12}{x} - \dfrac{3}{x} = 10$ $\mathbb{D}$ = $\mathbb{L}$ =

f) $\dfrac{5+x}{x} = \dfrac{5-x}{x}$ $\mathbb{D}$ = $\mathbb{L}$ =

14 Kreuzweises Multiplizieren

Gleichungen, deren linke und rechte Seite aus je einem Bruchterm besteht, kann man durch *kreuzweises Multiplizieren* vereinfachen:

$$\frac{a}{b} = \frac{c}{d} \quad \Leftrightarrow \quad ad = bc$$

Beispiel

$$\frac{2}{x-3} = \frac{3}{x}; \quad \mathbb{D} = \mathbb{Q} \setminus \{0;\, 3\}$$

Kreuzweise multiplizieren:

$$\begin{aligned} 2x &= 3 \cdot (x-3) \\ 2x &= 3x - 9 \\ -x &= -9 \\ x &= 9; \end{aligned}$$

In $\mathbb{D}$ enthalten? Ja, $9 \in \mathbb{D}$

$\Rightarrow \quad \mathbb{L} = \{9\}$

Übung 1

Löse die Gleichung und gib auch die Definitionsmenge an.

a) $\frac{1}{x} = \frac{5}{3}$ $\qquad \mathbb{D} =$ $\qquad \mathbb{L} =$

b) $\frac{12}{5x} = \frac{8}{7}$ $\qquad \mathbb{D} =$ $\qquad \mathbb{L} =$

c) $\frac{1}{x-2} = \frac{1}{2}$ $\qquad \mathbb{D} =$ $\qquad \mathbb{L} =$

d) $\frac{5x+7}{8x+4} = \frac{7}{10}$ $\qquad \mathbb{D} =$ $\qquad \mathbb{L} =$

e) $\frac{2x+4}{3x-5} = \frac{5}{2}$ $\qquad \mathbb{D} =$ $\qquad \mathbb{L} =$

Übung 2

Gib Definitions- und Lösungsmenge an.

a) $\frac{4}{5-x} = \frac{-3}{x}$ $\qquad \mathbb{D} =$ $\qquad \mathbb{L} =$

b) $\frac{3}{9{,}5-2x} = \frac{2}{5x}$ $\qquad \mathbb{D} =$ $\qquad \mathbb{L} =$

c) $\frac{4 \cdot (x-3)}{x+2} = \frac{5 \cdot (x-2)}{x+2}$ $\qquad \mathbb{D} =$ $\qquad \mathbb{L} =$

d) $\frac{2}{4x-1} = \frac{5}{8x-2}$ $\qquad \mathbb{D} =$ $\qquad \mathbb{L} =$

Übung 3 **Löse die Gleichung.**

a) $\frac{3x+2}{2x-1} = \frac{6x-1}{4x-5}$ $\mathbb{D}$ = $\mathbb{L}$ =

b) $\frac{x-2}{x-3} = \frac{x+6}{x+4}$ $\mathbb{D}$ = $\mathbb{L}$ =

c) $\frac{x+7}{x-5} = \frac{x-1}{x+3}$ $\mathbb{D}$ = $\mathbb{L}$ =

d) $\frac{7x+5}{15x-11} = \frac{7x-5}{15x-27}$ $\mathbb{D}$ = $\mathbb{L}$ =

e) $\frac{x-5}{5x+3} = \frac{17-x}{1-5x}$ $\mathbb{D}$ = $\mathbb{L}$ =

f) $\frac{3x-6}{x+5} = \frac{9x+1}{3x-2}$ $\mathbb{D}$ = $\mathbb{L}$ =

Übung 4 **Löse die Gleichung, wie immer mit Angabe der Definitionsmenge.**

a) $\frac{x+4}{x-3} = \frac{2x+5}{2x}$ $\mathbb{D}$ = $\mathbb{L}$ =

b) $\frac{x}{x-2} = \frac{x-3}{x-4}$ $\mathbb{D}$ = $\mathbb{L}$ =

c) $\frac{x-3}{x+3} - \frac{3x-7}{3x-1} = 0$ $\mathbb{D}$ = $\mathbb{L}$ =

d) $\frac{x+2}{x-3} - \frac{2-x}{6-x} = 0$ $\mathbb{D}$ = $\mathbb{L}$ =

e) $\frac{1}{x+2} = \frac{1}{x-2}$ $\mathbb{D}$ = $\mathbb{L}$ =

Bei den folgenden Aufgaben ergeben sich Gleichungen mit mehreren Lösungen. Beispiele:
Die Gleichung $x^2 = 4$ hat die Lösungen 2 und -2.
Die Gleichung $x \cdot (x-5) = 0$ hat die Lösungen 0 und 5.

Übung 5 **Löse die Gleichung. Beachte aber die Definitionsmenge!**

a) $\frac{x}{x-2} = \frac{x}{4-2x}$ $\mathbb{D}$ = $\mathbb{L}$ =

b) $\frac{x+3}{3x-5} = \frac{8x-3}{3x+5}$ $\mathbb{D}$ = $\mathbb{L}$ =

c) $\frac{4x-4}{3x+1} = \frac{2x-6}{x-3}$ $\mathbb{D}$ = $\mathbb{L}$ =

15 Multiplizieren mit dem Hauptnenner

Wenn man eine Bruchgleichung mit dem Hauptnenner multipliziert, erhält man eine Gleichung ohne Brüche.

Beispiel

$\frac{1}{2x} + \frac{1}{5x} + \frac{3}{5} = 2$; $\mathbb{D} = \mathbb{Q} \setminus \{0\}$

HN $= 10x$

Mit dem HN multiplizieren:

$$5 + 2 + 6x = 20x$$

$$7 = 14x$$

$$x = \frac{1}{2};\quad x \in \mathbb{D} \quad \Rightarrow \quad \mathbb{L} = \left\{\frac{1}{2}\right\}$$

Steht im Zähler eines Bruchterms eine Summe oder eine Differenz, dann musst du den weggefallenen Bruchstrich durch eine Klammer ersetzen.

Beispiel

$$\frac{1}{x} - \frac{x+1}{2x} = \frac{1}{2} \qquad | \cdot 2x$$

$$2 - (x + 1) = x$$

Übung 1 **Löse die Gleichung durch Multiplizieren mit dem Hauptnenner.**

a) $\frac{2}{3x} - \frac{4}{9} = \frac{3}{5x} - \frac{1}{3}$ $\mathbb{D} =$ $\mathbb{L} =$

b) $\frac{4}{x} - \frac{1}{2x} + 2 = \frac{1}{4}$ $\mathbb{D} =$ $\mathbb{L} =$

c) $\frac{1}{6} - \frac{13}{x} + \frac{1}{13x} + \frac{1}{3} = \frac{1}{2} + \frac{1}{x}$ $\mathbb{D} =$ $\mathbb{L} =$

d) $\frac{7}{3} + \frac{3}{2x} - \frac{5}{x} = 0$ $\mathbb{D} =$ $\mathbb{L} =$

e) $1 - \frac{2x - 10}{3x} = \frac{20 - x}{2x}$ $\mathbb{D} =$ $\mathbb{L} =$

f) $\frac{x + 1}{3x} - \frac{x - 1}{10x} = \frac{1}{5}$ $\mathbb{D} =$ $\mathbb{L} =$

g) $\frac{1}{4x} - \frac{2x + 1}{8x} = \frac{1}{8}$ $\mathbb{D} =$ $\mathbb{L} =$

Übung 2 Löse die Gleichung und gib die Definitionsmenge an.

a) $\frac{3x-7}{x-4} = \frac{5x-5}{x+7} - 2$ $\mathbb{D} =$ $\mathbb{L} =$

b) $\frac{3x+4}{x} - \frac{2x}{x+1} = 1$ $\mathbb{D} =$ $\mathbb{L} =$

c) $\frac{3}{3-2x} = 5 - \frac{18}{2x-3}$ $\mathbb{D} =$ $\mathbb{L} =$

d) $\frac{1}{x+1} + \frac{1}{2x+2} = \frac{3}{2x+2}$ $\mathbb{D} =$ $\mathbb{L} =$

e) $\frac{1}{x-2} - \frac{1}{5x-10} = \frac{1}{3x-6}$ $\mathbb{D} =$ $\mathbb{L} =$

Übung 3 Löse die Gleichung.

a) $\frac{3}{x-1} + \frac{10}{3x-6} = \frac{6}{x-2}$ $\mathbb{D} =$ $\mathbb{L} =$

b) $\frac{1}{3x+1} + \frac{1}{6x+3} = \frac{5}{2x+1}$ $\mathbb{D} =$ $\mathbb{L} =$

c) $\frac{8}{4x^2+16x} = \frac{3}{x+4} - \frac{5}{4x}$ $\mathbb{D} =$ $\mathbb{L} =$

d) $\frac{1}{x^2} = \frac{1}{3x} + \frac{1}{6x}$ $\mathbb{D} =$ $\mathbb{L} =$

e) $\frac{1}{2x} + \frac{1}{3x} + \frac{1}{4x} + \frac{1}{5x} = \frac{1}{x^2}$ $\mathbb{D} =$ $\mathbb{L} =$

Übung 4 Löse zuerst die Klammer auf.

a) $\frac{1}{6} - \frac{2}{3}\cdot\left(\frac{1}{4x} - \frac{1}{2x} - \frac{1}{x}\right) = 1$ $\mathbb{L} =$

b) $\frac{49}{x} - 7\cdot\left(\frac{4}{x} - \frac{2}{3}\right) = \frac{63}{x}\cdot 2 - 10\frac{1}{3}$ $\mathbb{L} =$

c) $28 - 2\cdot\left(\frac{9}{x} + 4\right) = \frac{28+4}{2x} + \frac{94}{x} - 12$ $\mathbb{L} =$

d) $\frac{9}{x} - 2\frac{2}{5} - \frac{3}{2}\cdot\left(\frac{9}{x} - 3\right) = \frac{6}{x}$ $\mathbb{L} =$

e) $3{,}5 - 3\cdot\left(\frac{3}{4x} - \frac{5}{6x}\right) = \frac{1}{2x} + 1\frac{7}{8} : \frac{3}{4}$ $\mathbb{L} =$

16 Bruchgleichungen I

Beispiel

$$\frac{1}{x-2} + \frac{7}{x+2} = \frac{28}{x^2-4}; \quad \mathbb{D} = \mathbb{Q} \setminus \{-2; 2\}$$

$$\text{HN} = (x-2)(x+2)$$

Mit dem HN multiplizieren:

$$\begin{aligned} (x+2) + 7\cdot(x-2) &= 28 \\ x + 2 + 7x - 14 &= 28 \\ 8x - 12 &= 28 \\ 8x &= 40 \\ x &= 5 \in \mathbb{D} \quad \Rightarrow \quad \mathbb{L} = \{5\} \end{aligned}$$

Probe: l. S.: $\frac{1}{3} + \frac{7}{7} = \frac{4}{3}$ r. S.: $\frac{28}{21} = \frac{4}{3}$

Übung 1

Löse die Gleichung und gib auch die Definitionsmenge an.

a) $\frac{1}{x+1} + \frac{1}{x-1} = \frac{4}{x^2-1}$ $\mathbb{D} =$ $\mathbb{L} =$

b) $\frac{1}{x-4} - \frac{1}{x+4} = \frac{8}{x^2-16}$ $\mathbb{D} =$ $\mathbb{L} =$

c) $\frac{2}{x-7} - \frac{1}{x+7} = \frac{11}{x^2-49}$ $\mathbb{D} =$ $\mathbb{L} =$

d) $\frac{3}{x+9} - \frac{2}{x-9} = \frac{45}{81-x^2}$ $\mathbb{D} =$ $\mathbb{L} =$

e) $\frac{1}{x-5} - \frac{1}{x+5} = \frac{10}{x^2-25}$ $\mathbb{D} =$ $\mathbb{L} =$

Übung 2

Gib Definitions- und Lösungsmenge an.

a) $\frac{1}{2x+3} + \frac{1}{2x-3} + \frac{2}{4x^2-9} = 0$ $\mathbb{D} =$ $\mathbb{L} =$

b) $\frac{5}{5x+4} + \frac{2}{5x-4} = \frac{2}{25x^2-16}$ $\mathbb{D} =$ $\mathbb{L} =$

c) $\frac{46}{9x^2-121} + \frac{1}{3x+11} + \frac{23}{3x-11} = 0$ $\mathbb{D} =$ $\mathbb{L} =$

d) $\frac{15}{4x^2-16x+16} = \frac{1}{x-2} + \frac{1}{2x-4}$ $\mathbb{D} =$ $\mathbb{L} =$

e) $\frac{1}{x-3} = \frac{3}{2x+6} - \frac{6}{9-x^2}$ $\mathbb{D} =$ $\mathbb{L} =$

Übung 3

Löse die Gleichung.

a) $\frac{3}{3x+4} = \frac{14}{3x-4} - \frac{35}{9x^2-16}$ $\mathbb{D}$ = $\mathbb{L}$ =

b) $\frac{3}{4x+6} = \frac{1}{2x-3} + \frac{7}{8x^2-18}$ $\mathbb{D}$ = $\mathbb{L}$ =

c) $\frac{2}{x-2} + \frac{5}{x+3} = \frac{31}{(x+3)(x-2)}$ $\mathbb{D}$ = $\mathbb{L}$ =

d) $\frac{15}{4x-5} - \frac{52}{4x+5} = \frac{39}{16x^2-25}$ $\mathbb{D}$ = $\mathbb{L}$ =

e) $\frac{5-x}{4x^2-49} = \frac{1}{2x-7} - \frac{14}{2x+7}$ $\mathbb{D}$ = $\mathbb{L}$ =

Übung 4

Achtung, Beträge!
(Betragsstriche sind „Positivmacher".)

a) $|x+3| = 5$ $\mathbb{L}$ =

b) $\frac{5}{|x+1|} = 1$ $\mathbb{D}$ = $\mathbb{L}$ =

17 Bruchgleichungen II

Beispiel

$$\frac{11}{x^2-25} + \frac{3x-9}{5-x} + \frac{2x+28}{3x+15} = 0$$

$$\left.\begin{aligned} x^2-25 &= (x-5)(x+5) \\ 5-x &= -(x-5) \\ 3x+15 &= 3\cdot(x+5) \end{aligned}\right\} \Rightarrow \left\{\begin{aligned} \text{HN} &= 3\cdot(x-5)(x+5) \\ \mathbb{D} &= \mathbb{Q} \setminus \{-5; 5\} \end{aligned}\right.$$

Mit dem HN multiplizieren:

$$\begin{aligned} 11\cdot 3 + (3x-9)(-3)(x+5) + (2x+28)(x-5) &= 0 \\ 33 - 3\cdot(3x^2 + 15x - 9x - 45) + 2x^2 - 10x + 28x - 140 &= 0 \\ 33 - 3\cdot(3x^2 + 6x - 45) + 2x^2 + 18x - 140 &= 0 \\ 33 - 9x^2 - 18x + 135 + 2x^2 + 18x - 140 &= 0 \\ -7x^2 &= -28 \\ x^2 &= 4 \end{aligned}$$

Achtung, es gibt zwei Lösungen!

$$\left.\begin{aligned} x_1 &= -2 \in \mathbb{D} \\ x_2 &= 2 \in \mathbb{D} \end{aligned}\right\} \Rightarrow \mathbb{L} = \{-2; 2\}$$

Übung 1

Gib die Definitionsmenge an und löse die Gleichung.

a) $\frac{7}{x+3} + \frac{5}{x-3} = \frac{9x+27}{x^2-9}$ $\mathbb{D} =$ $\mathbb{L} =$

b) $\frac{21}{x+2} - \frac{12}{x+3} = \frac{11x+45}{(x+2)(x+3)}$ $\mathbb{D} =$ $\mathbb{L} =$

c) $\frac{15}{x^2-4} - \frac{6}{3x+6} + \frac{25}{x-2} = 0$ $\mathbb{D} =$ $\mathbb{L} =$

d) $\frac{3}{3x-2} - \frac{2}{3x^2-2x} = \frac{4}{5x}$ $\mathbb{D} =$ $\mathbb{L} =$

Übung 2

Löse die Gleichung.

a) $\frac{3}{x+8} + \frac{7}{4x+32} = \frac{38}{x^2+16x+64}$ $\mathbb{D} =$ $\mathbb{L} =$

b) $\frac{3}{x-5} + \frac{2}{5-x} = \frac{5}{x^2-10x+25}$ $\mathbb{D} =$ $\mathbb{L} =$

c) $\frac{1}{2x-1} - \frac{11}{20x-10} = \frac{1}{40x^2-40x+10}$ $\mathbb{D} =$ $\mathbb{L} =$

d) $\frac{1}{x-8} + \frac{4}{3x-24} = \frac{7}{3x^2-48x+192}$ $\mathbb{D} =$ $\mathbb{L} =$

Übung 3 Gib Definitions- und Lösungsmenge an.

a) $\frac{2x+4}{3x+4} + \frac{3x-1}{3x-4} = \frac{15x^2+6}{9x^2-16}$ $\mathbb{D} =$ $\mathbb{L} =$

b) $\frac{4}{x+12} + \frac{3}{x-9} = \frac{7}{x}$ $\mathbb{D} =$ $\mathbb{L} =$

c) $\frac{8}{2x^2+x} + \frac{3}{4x^2-1} - \frac{7}{2x^2-x} = 0$ $\mathbb{D} =$ $\mathbb{L} =$

d) $\frac{1}{x} + \frac{1}{x+1} = \frac{1}{x^2+x}$ $\mathbb{D} =$ $\mathbb{L} =$

e)* $\frac{17x-6}{4x^3+14x^2-30x} - \frac{1}{2x} = \frac{1}{2x-3}$ $\mathbb{D} =$ $\mathbb{L} =$

Übung 4 Denksportaufgabe

Wie kann man mit 6 Streichhölzern 4 gleichseitige Dreiecke herstellen? Nichts brechen, nichts biegen. Jedes Streichholz bildet eine Seite. Zeichne die richtige Anordnung.

Übung 5 Wüsten-Mathematik

Abu Hammad hatte seinen drei Söhnen folgendes Testament hinterlassen: „Mein ältester Sohn soll die Hälfte der Kamele erhalten, mein zweiter Sohn ein Drittel und mein dritter Sohn ein Achtel.“
Die Söhne waren bestürzt, denn die Zahl der Kamele war nicht durch 2, 3 oder 8 teilbar, und liefen zum Kadi. Der alte Kadi lächelte weise und sprach: „Nehmt mein Kamel dazu und führt die Teilung aus. Danach könnt ihr mir mein Kamel wieder zurückgeben.“
Die Söhne taten, wie sie der Kadi geheißen hatte, und tatsächlich ging die Teilung auf und das Kamel des Kadi blieb dabei übrig. Nun sage mir, o geneigter Leser, wie viele Kamele besaß Abu Hammad?

Antwort: Abu Hammad besaß Kamele.

18 Bruchgleichungen III

Beispiel

$$\frac{6}{x+5} - \frac{5}{x-1} = \frac{4}{x^2+4x-5}$$

Der Term $x^2 + 4x - 5$ lässt sich nicht so einfach faktorisieren. Betrachte zunächst die anderen Nenner: Ihr Produkt muss ohnehin im Hauptnenner enthalten sein.

$$(x+5)(x-1) = x^2 - x + 5x - 5 = x^2 + 4x - 5$$

Damit ist der Hauptnenner klar: $\text{HN} = (x+5)(x-1)$

$\mathbb{D} = \mathbb{Q} \setminus \{-5; 1\}$

Mit dem HN multiplizieren:

$$6(x-1) - 5(x+5) = 4$$
$$6x - 6 - 5x - 25 = 4$$
$$x - 31 = 4$$
$$x = 35 \in \mathbb{D} \quad \Rightarrow \quad \mathbb{L} = \{35\}$$

Übung 1

Gib die Definitionsmenge an und löse die Gleichung.

a) $\frac{7}{2x+3} = \frac{70}{12x^2+10x-12} - \frac{1}{3x-2}$ $\mathbb{D} =$ $\mathbb{L} =$

b) $\frac{1}{x-3} - \frac{1}{2x+4} = \frac{7}{2x^2-2x-12}$ $\mathbb{D} =$ $\mathbb{L} =$

c) $\frac{6x-7}{x^2-20x+91} + \frac{7}{x-7} = \frac{5}{x-13}$ $\mathbb{D} =$ $\mathbb{L} =$

d) $\frac{10x-15}{x+3} + \frac{30-4x}{x-5} = \frac{6x^2-23x-3}{x^2-2x-15}$ $\mathbb{D} =$ $\mathbb{L} =$

Übung 2

Löse die Gleichung.

a) $\frac{2x}{1-x} + \frac{8}{x+1} = \frac{2x^2-6}{1-x^2} + \frac{2}{x-1}$ $\mathbb{D} =$ $\mathbb{L} =$

b) $\frac{x^2-6x+2}{4-x^2} = \frac{14-3x}{2x+4} - \frac{5x}{6-3x} - \frac{7}{6}$ $\mathbb{D} =$ $\mathbb{L} =$

c) $\frac{x+7}{6x-6} + \frac{x-8}{x^2-x} = \frac{2x+5}{3x-3} - \frac{2x-3}{4x-4}$ $\mathbb{D} =$ $\mathbb{L} =$

d) $\frac{20+4x}{3x+8} - \frac{7x}{3x-8} + 1 = \frac{3x-35}{18x^2-128}$ $\mathbb{D} =$ $\mathbb{L} =$

e)* $\frac{5}{7-x} + \frac{2}{x+2} - \frac{5}{5-x} - \frac{2}{x+7} = 0$ $\mathbb{D} =$ $\mathbb{L} =$

Übung 3

Vereinfache zuerst die Doppelbrüche. Beachte, dass alle Nenner ungleich null sein müssen.

a) $\dfrac{\frac{3x-3}{8}}{\frac{13x+3}{7}} = \dfrac{1}{8}$ $\mathbb{D} =$ $\mathbb{L} =$

b) $\dfrac{\frac{7\cdot(4x-1)}{8}}{\frac{3\cdot(5x+1)}{2}} = \dfrac{7}{8}$ $\mathbb{D} =$ $\mathbb{L} =$

c) $\dfrac{5}{\frac{1}{5}+\frac{1}{x}} = 24$ $\mathbb{D} =$ $\mathbb{L} =$

d) $\dfrac{\frac{2}{3}-\frac{2}{x}}{\frac{1}{3}+\frac{1}{x}} = \dfrac{2}{3}$ $\mathbb{D} =$ $\mathbb{L} =$

e)* $\dfrac{x+\frac{5}{3}}{x} - \dfrac{x-\frac{1}{4}}{x-\frac{23}{48}} = 0$ $\mathbb{D} =$ $\mathbb{L} =$

Übung 4

Zum Abschluss der Bruchgleichungen noch ein paar richtige Herausforderungen?

a)* $\dfrac{x-3}{x-4} - \dfrac{x+2}{x-1} - \dfrac{15}{x^2-5x+4} = 0$ $\mathbb{D} =$ $\mathbb{L} =$

b)* $\dfrac{1}{x-3} - \dfrac{2}{x-7} = \dfrac{1}{x^2-10x+21}$ $\mathbb{D} =$ $\mathbb{L} =$

c)* $\dfrac{1}{x} - \dfrac{1}{x+1} - \dfrac{1}{x+2} + \dfrac{1}{x+3} = 0$ $\mathbb{D} =$ $\mathbb{L} =$

d)* $\dfrac{4}{x^2} - \dfrac{3}{x} + \dfrac{2}{x+1} - \dfrac{1}{1-x} = \dfrac{1+3x^2}{x^4-x^2}$ $\mathbb{D} =$ $\mathbb{L} =$

19 Proportionen

Die Gleichung $a : b = c : d$ heißt **Verhältnisgleichung** oder **Proportion**. (Lies: *a verhält sich zu b wie c zu d.*)
Sie ist äquivalent zu der Bruchgleichung

$$\frac{a}{b} = \frac{c}{d} \quad | \text{ kreuzweise multiplizieren}$$

$$a \cdot d = b \cdot c$$

Daher gilt für Verhältnisgleichungen die Regel:
„Produkt der Außenglieder gleich Produkt der Innenglieder."

$$a : b = c : d \quad \Rightarrow \quad a \cdot d = b \cdot c$$

Beispiel

$$3 : 4 = 5 : x$$
$$3x = 20$$
$$x = \frac{20}{3} = 6\frac{2}{3}$$

Übung 1

Vereinfache das Verhältnis durch Kürzen oder Erweitern.
(Beispiel: 200 : 300 = 2 : 3)

a) 144 : 160 =

b) 0,07 : 0,15 =

c) $\frac{1}{4} : \frac{3}{8}$ =

d) $1\frac{1}{3} : \frac{2}{3}$ =

e) 2,5 : 3 =

f) 0,3% : 0,5% =

Übung 2

Berechne die Unbekannte.

a) $3 : a = 7 : 8$; a =

b) $b : 10 = 1 : 3$; b =

c) $9 : 11 = c : 14$; c =

d) $96 : 70 = 8 : d$; d =

e) $20 : (5e) = -6 : 3$; e =

f) $2f : 9 = 40 : 45$; f =

Übung 3

Berechne die „passenden" Zahlenwerte für *x* und *y*.
Lösungshinweis: Bestimme aus der zweiten Gleichung einen Ausdruck für *y* und setze ihn in die Verhältnisgleichung ein.

a) $x : y = 2 : 3$; $x + y = -5$; x = ; y =

b) $x : y = 5 : 2$; $x + y = 70$; x = ; y =

c) $x : y = 2 : 1$; $x + y = \frac{3}{8}$; $x =$ ______ ; $y =$ ______

d) $x : y = 11 : 8$; $x - y = 6$; $x =$ ______ ; $y =$ ______

e) $x : y = 1 : (-3)$; $x - y = 44$; $x =$ ______ ; $y =$ ______

f) $x : y = \frac{1}{3} : 2$; $x + y = -7$; $x =$ ______ ; $y =$ ______

Übung 4 **Löse mit einer Verhältnisgleichung.**

a) Ein Kochrezept verlangt 1400 g Mehl und 7 Eier.
Wie viel Mehl braucht man für 3 Eier?

Antwort: Man braucht ______ g Mehl.

b) Auf dem Schwarzmarkt von Dschingistan erhält man für 8 Hühner 280 Liter Benzin.
Wie viel Benzin erhält man für 5 Hühner?

Antwort: Für 5 Hühner erhält man ______ Liter Benzin.

c) Für je 3 alte Comco-Aktien erhält man 7 neue HypCo-Aktien.
Wie viele HypCo-Aktien erhält man für 123 Comco-Aktien?

Antwort: Man erhält dafür ______ HypCo-Aktien.

d) Für den Cocktail „Rote Moskwa" mischt man Wodka und Himbeersirup im Verhältnis 3 : 4.
Wie viel Himbeersirup braucht man für 1,2 Liter Wodka?

Antwort: Für 1,2 Liter Wodka benötigt man ______ Liter Himbeersirup.

e) Der Bauer Tsao Min will seine 56 Schweine im Verhältnis 3 : 5 an seine beiden Söhne vermachen.
Wie viele Schweine erhalten die Söhne jeweils?

Antwort: ______ Schweine und ______ Schweine

f) Bei einer chemischen Reaktion erhält man aus 56 g Eisenpulver und 32 g Schwefelpulver 88 g Eisensulfid.
Wie viel Eisenpulver und Schwefelpulver braucht man, um 220 g Eisensulfid herzustellen?

Antwort: Man braucht ______ g Eisenpulver und ______ g Schwefelpulver.

g) 4000 € sind 100 %. Wieviel Prozent sind dann 80 €?

Antwort: 80 € entsprechen ______ %.

h) Unter 100 Geburten findet man durchschnittlich 48,6 Mädchengeburten.
Wie viele Mädchen kommen also durchschnittlich auf 1000 Jungen?
Runde auf eine ganze Zahl. Du kannst einen Taschenrechner verwenden.

Antwort: ______ Mädchen

20 Textaufgaben

Beispiel

Die klassische Röhrenaufgabe:
Ein Wasserbehälter hat zwei Zuflussröhren. Mit der ersten Röhre allein kann der Behälter in 4 Stunden, mit der zweiten in 2 Stunden gefüllt werden. Wie lange dauert das Füllen, wenn beide Röhren gleichzeitig in Betrieb sind?

Natürlich darf man nicht 4 Stunden und 2 Stunden addieren, sondern man muss die *Anteile* der Gesamtmenge addieren, die jede Röhre in *einer* Stunde liefert:

$$\frac{1}{4} + \frac{1}{2} = \frac{1}{x}; \quad \mathbb{D} = \mathbb{Q}^+ \text{ (Nur positive Zeiten sind sinnvoll.)}$$

$$\frac{3}{4} = \frac{1}{x}$$

$$x = \frac{4}{3} = 1\frac{1}{3}$$

Beide Röhren zusammen brauchen 1 h 20 min.

Übung 1

Löse die Aufgaben.

a) Mit einem Mähdrescher vom Typ A braucht man 16 Stunden, um die Felder eines Guts abzuernten. Mit Typ B braucht man 14 Stunden.
Wie lange dauert es, wenn ein Mähdrescher vom Typ A und einer vom Typ B zusammen in Betrieb sind? Runde auf halbe Stunden.

Antwort: Die Mähdrescher brauchen zusammen ca. ______ Stunden.

b) Ein Teich wird durch einen Zufluss in 6 h und durch einen zweiten in 8 h gefüllt. Der Abfluss leert ihn in 4 h.
Nun werden bei leerem Teich beide Zuflüsse und der Abfluss geöffnet. Wie lange dauert es jetzt, bis der Teich voll ist?

Antwort: Das Füllen des Teichs dauert ______ h.

c) Ein Graben wird von 4 Arbeitern ausgehoben. Der erste würde allein 8 Tage brauchen, der zweite allein 10 Tage und der dritte und der vierte würden jeweils allein 12 Tage brauchen.
Wie lange dauert es, wenn alle zugleich arbeiten? Runde auf halbe Tage.

Antwort: Die gemeinsame Arbeit dauert ca. ______ Tage.

Beispiel

Gesucht ist ein Bruch mit natürlichen Zahlen im Zähler und im Nenner. Der Nenner ist um 8 größer als der Zähler und der Bruch hat den Wert $\frac{2}{3}$. Wie heißt der Bruch?

$$\frac{x}{x+8} = \frac{2}{3}; \quad \mathbb{D} = \mathbb{N}$$

$$3x = 2 \cdot (x+8)$$

$$3x = 2x + 16$$

$$x = 16 \quad \Rightarrow \quad \text{Der Bruch heißt } \frac{16}{24}.$$

Übung 2

Löse die Aufgaben. Du kannst natürliche Zahlen im Zähler und Nenner der Brüche voraussetzen.

a) Der Nenner eines Bruches ist um 8 größer als der Zähler. Vermehrt man beide um 3, so entsteht ein Bruch vom Wert $\frac{1}{3}$. Wie heißt der ursprüngliche Bruch?

Antwort:

b) Ein Bruch hat den Wert $\frac{1}{3}$. Vergrößert man den Zähler und Nenner um jeweils 5, so erhält man einen Bruch mit dem Wert $\frac{3}{7}$. Wie heißt der ursprüngliche Bruch?

Antwort:

c) In einem Bruch ist der Nenner um 7 kleiner als der Zähler. Der Wert des Bruches ändert sich nicht, wenn man den Zähler um 5 vergrößert und gleichzeitig den Nenner um 4 vergrößert. Wie heißt der Bruch?

Antwort:

d) Der Zähler eines Bruches ist um 2 größer als der Nenner. Vermindert man den Zähler um 7 und den Nenner um 4, so erhält man einen Bruch, dessen Wert gleich dem Kehrwert des ursprünglichen Bruches ist. Wie heißt dieser?

Antwort:

e) Dividiert man eine gerade Zahl durch die nächstgrößere gerade Zahl, so erhält man $\frac{3}{4}$. Wie heißt die Zahl?

Antwort:

f) Dividiert man 3 durch eine ungerade Zahl, so erhält man das Gleiche wie wenn man 7 durch die übernächste ungerade Zahl dividiert. Wie heißt die Zahl?

Antwort:

21 Bruchgleichungen mit Parameter

Wenn in einer Gleichung neben der Unbekannten x noch andere Variable a, b, c, … vorkommen, so bezeichnet man diese Variablen als **Formvariable** oder **Parameter**.
Wenn nichts anderes gesagt wird, können diese alle Werte aus $\mathbb{Q}$ annehmen, also auch null werden.

Beispiel

$$2x + a = 7$$
$$2x = 7 - a$$
$$x = \frac{7-a}{2} \quad \Rightarrow \quad \mathbb{L} = \left\{\frac{7-a}{2}\right\}$$

Wenn man eine Gleichung mit Parameter durch einen Term dividiert, der auch null werden kann, dann wird eine Fallunterscheidung notwendig.

Beispiel

$$\frac{5}{x} = b; \quad \mathbb{D} = \mathbb{Q} \setminus \{0\}$$
$$5 = bx$$

Jetzt möchte man durch b dividieren:

1. Fall: $b \neq 0 \quad \Rightarrow \quad x = \frac{5}{b}$

2. Fall: $b = 0 \quad \Rightarrow \quad 5 = 0 \quad$ (f)

$$\Rightarrow \quad \mathbb{L} = \begin{cases} \left\{\frac{5}{b}\right\} & \text{falls } b \neq 0 \\ \{\,\} & \text{falls } b = 0 \end{cases}$$

Übung 1

Gib die Lösungsmenge an. Achtung, manchmal wird eine Fallunterscheidung notwendig!

a) $x - a^2 = 2b$ $\qquad \mathbb{L} =$

b) $\frac{x}{5-a} = b \quad (a \neq 5)$ $\qquad \mathbb{L} =$

c) $x : a = b : 10 \quad (a \neq 0)$ $\qquad \mathbb{L} =$

d) $ax + bx = 8$ $\qquad \mathbb{L} =$

e) $\frac{x}{p} + \frac{x}{q} = 10 \quad (p, q \neq 0)$ $\qquad \mathbb{L} =$

Übung 2

Gib die Lösungsmenge an. Die Parameter p und q sollen ungleich null sein.
Achtung, manchmal wird eine Fallunterscheidung notwendig!

a) $\frac{1}{x-1} = p - 2$ $\mathbb{L}$ =

b) $\frac{p}{x} - \frac{1}{x} = q$ $\mathbb{L}$ =

c) $\frac{1}{x-p} = p$ $\mathbb{L}$ =

d) $\frac{px}{x-q} = 3$ $\mathbb{L}$ =

e) $\frac{x}{2p-3x} = \frac{1}{p}$ $\mathbb{L}$ =

f) $\frac{p}{x} - \frac{x}{p} = 0$ $\mathbb{L}$ =

(Achtung, 2 Lösungen!)

Übung 3

Löse die Aufgabe. Die Parameter a und b sollen ungleich null sein.
Achte auf Fallunterscheidungen!

a) $\frac{b}{a-x} = \frac{a}{b-x}$ $\mathbb{L}$ =

b) $\frac{1}{1+2ax} = \frac{2}{1+ax}$ $\mathbb{L}$ =

c) $\frac{x}{x-a} + \frac{a}{x+a} = \frac{x^2+a^2}{x^2-a^2}$ $\mathbb{L}$ =

d) $\frac{a-b}{x} = \frac{a^2-b^2}{ax+b}$ $\mathbb{L}$ =

e) $\frac{a+4}{x-2} = 1$ $\mathbb{L}$ =

f) Röhre 1 füllt ein Becken in a Stunden, Röhre 2 in b Stunden. Wie lange brauchen beide zusammen?

Antwort: Sie brauchen Stunden.

22 Formelumstellung

Bei der Umstellung von geometrischen oder physikalischen Formeln geht man vor wie beim Lösen von Gleichungen. Die Größe, nach der aufgelöst werden soll, wird als Unbekannte betrachtet.

Beispiel

$$A = \frac{B}{C + D}$$

Die Formel soll nach C aufgelöst werden.
Zuerst mit dem Nenner multiplizieren um den Bruch zu beseitigen:

$$A \cdot (C + D) = B$$

$$AC + AD = B \qquad | -AD$$

$$AC = B - AD \qquad | : A$$

$$C = \frac{B - AD}{A} = \frac{B}{A} - D$$

Übung 1

Löse die Formeln nach der angegebenen Größe auf.
Alle Größen in den Formeln sind positiv, daher kann der Nenner nie null werden.
(Das griechische Alphabet steht übrigens auf Seite 54.)

a) $R = \frac{U}{I}$ $\qquad U =$ $\qquad I =$

b) $s = v \cdot t$ $\qquad v =$ $\qquad t =$

c) $A = \frac{1}{2} g \cdot h$ $\qquad g =$ $\qquad h =$

d) $u = 2\pi r$ $\qquad r =$

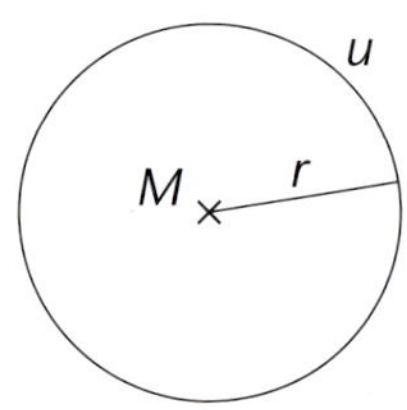

e) $V = \frac{1}{3} G \cdot h$ $\qquad G =$ $\qquad h =$

f) $\varrho = \frac{m}{V}$ $\qquad m =$ $\qquad V =$

g) $h^2 = p \cdot q$ $\qquad p =$ $\qquad q =$

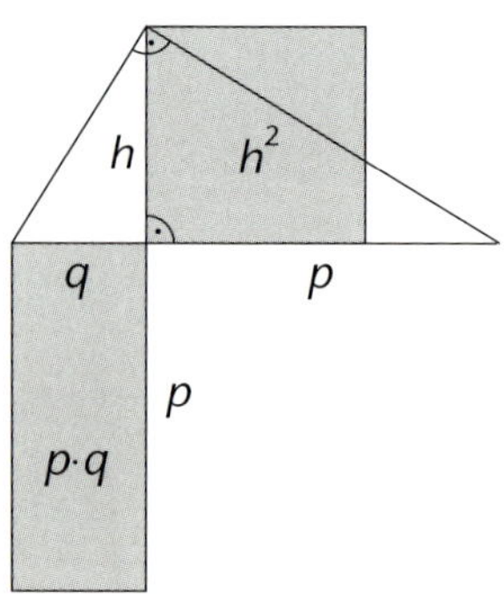

Übung 2

Stelle die Formeln so um, dass du die angegebene Größe erhältst. Alle Größen sind positiv.

a) $A = \frac{1}{2}(a + c) \cdot h$ $a =$ $c =$ $h =$

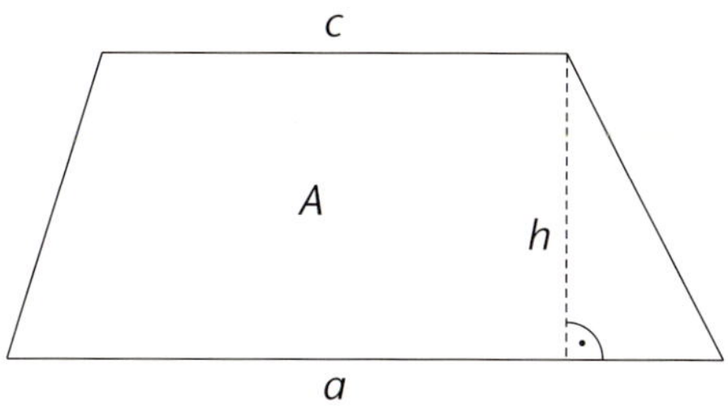

b) $B : G = b : g$ $B =$ $G =$ $b =$ $g =$

c) $\frac{p_1 V_1}{T_1} = \frac{p_2 V_2}{T_2}$ $p_1 =$ $V_1 =$ $T_1 =$

d) $v = v_0 + at$ $v_0 =$ $a =$

e) $\frac{1}{f} = \frac{1}{g} + \frac{1}{b}$ $f =$ $g =$

Übung 3

Löse die Formeln nach der angegebenen Größe auf. (Alle Größen sind positiv.)

a) $s = v_0 t + \frac{1}{2} a t^2$ $v_0 =$ $a =$

b) $cm_1 (\vartheta_1 - \vartheta_M) = cm_2 (\vartheta_M - \vartheta_2)$ $\vartheta_M =$

c) $E = \frac{1}{2} m v^2$ $m =$

d) $R_1 : R_2 = U_1 : (U - U_1)$ $R_2 =$ $U_1 =$

e) $O = 2 \cdot (ab + bc + ac)$ $a =$

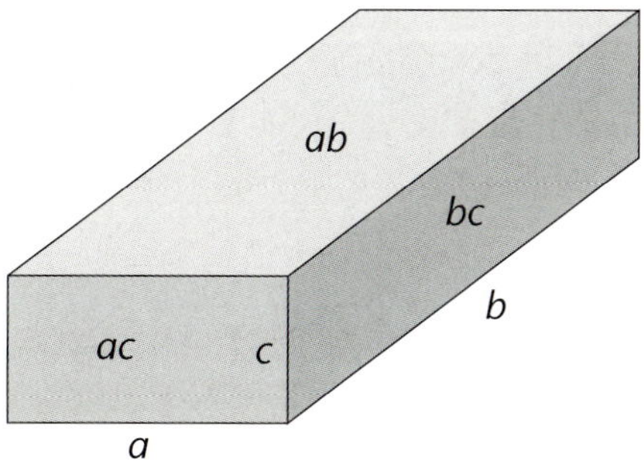

23 Bruchungleichungen

Die Bedeutung einiger Symbole, die für Bruchungleichungen wichtig sind, kannst du auf Seite 54 nachschlagen.

Jede Bruchungleichung lässt sich in einer Form darstellen, in der auf der rechten Seite der Ungleichung die Null steht.
Für alle vier dabei möglichen Formen muss man bei Zähler Z und Nenner N *immer* eine Fallunterscheidung vornehmen:

		Fall 1	Fall 2
$\frac{Z}{N} > 0$	$\Rightarrow$	$Z > 0 \wedge N > 0$	$Z < 0 \wedge N < 0$
$\frac{Z}{N} \geqq 0$	$\Rightarrow$	$Z \geqq 0 \wedge N > 0$	$Z \leqq 0 \wedge N < 0$
$\frac{Z}{N} < 0$	$\Rightarrow$	$Z < 0 \wedge N > 0$	$Z > 0 \wedge N < 0$
$\frac{Z}{N} \leqq 0$	$\Rightarrow$	$Z \leqq 0 \wedge N > 0$	$Z \geqq 0 \wedge N < 0$

Mit dem Fall 1 erhält man die Lösungsteilmenge $\mathbb{L}_1$, mit dem Fall 2 $\mathbb{L}_2$. Die Lösungsmenge erhält man mit: $\mathbb{L} = \mathbb{L}_1 \cup \mathbb{L}_2$

Bei einer Lösung auf diesem Wege erübrigt sich die Frage nach der Definitionsmenge, da der Fall $N = 0$ in jedem Fall aus der Lösungsmenge ausgeschlossen ist.

Die Lösungsmenge kann mit einer Stichprobe überprüft werden. Eine richtige Stichprobe ist jedoch kein Beweis für die Richtigkeit der Lösungsmenge.

Beispiel

$$\frac{x}{x+1} \geqq 0$$

Fall 1: $x \geqq 0 \wedge x+1 > 0 \quad \Rightarrow \quad x \geqq 0 \wedge x > -1$

$\Rightarrow \quad \mathbb{L}_1 = [\,0; \infty\,[\; = \mathbb{Q}_0^+$

Fall 2: $x \leqq 0 \wedge x+1 < 0 \quad \Rightarrow \quad x \leqq 0 \wedge x < -1$

$\Rightarrow \quad \mathbb{L}_2 = \,]-\infty; -1[$

$\mathbb{L} = \mathbb{L}_1 \cup \mathbb{L}_2 = \mathbb{Q}_0^+ \cup \,]-\infty; -1[\; = \mathbb{Q} \setminus [-1; 0\,[$

Man kann die Lösungsmenge am Zahlenstrahl veranschaulichen:

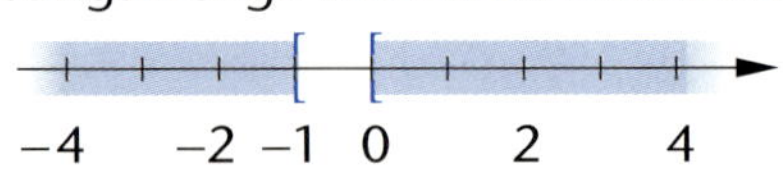

Stichprobe:
Mit $x = -2$ erhält man $2 \geqq 0$, wie erwartet eine wahre Aussage.

Mit $x = -\frac{1}{2}$ erhält man $-1 \geqq 0$, wie erwartet eine falsche Aussage.

Übung 1

Gib die Lösungsmenge an. Beachte, dass du beim Multiplizieren oder Dividieren einer Ungleichung mit einer *negativen* Zahl das Ungleichheitszeichen umkehren musst.

a) $2x + 1 > 7$ $\quad \mathbb{L} =$

b) $-3x - 3 \geqq -6$ $\quad \mathbb{L} =$

c) $\frac{1}{2}x + \frac{1}{3} < \frac{1}{4}$ $\quad \mathbb{L} =$

d) $-x - 3 \geqq 0$ $\quad \mathbb{L} =$

e) $-3x - 3 < -12 + 6x$ $\quad \mathbb{L} =$

f) $5x - 7 - 2x > 3x + 10$ $\quad \mathbb{L} =$

Übung 2

Gib die Lösungsmenge an und markiere Sie auf dem Zahlenstrahl. Achte sorgfältig auf die eckigen Bereichsklammern.

a) $\frac{1}{x+1} > 0$ $\quad \mathbb{L} =$

−4 −2 0 2 4

b) $\frac{x}{x-2} > 0$ $\quad \mathbb{L} =$

−4 −2 0 2 4

c) $\frac{2x+1}{x} < 0$ $\quad \mathbb{L} =$

−4 −2 0 2 4

d) $\frac{x-1}{x+1} > 0$ $\quad \mathbb{L} =$

−4 −2 0 2 4

Übung 3

Gib die Lösungsmenge an.

a) $\frac{5-3x}{6x-3} \geqq 0$ $\quad \mathbb{L} =$

−4 −2 0 2 4

b) $\frac{7x-14}{3-x} \geqq 0$ $\quad \mathbb{L} =$

−4 −2 0 2 4

c) $\frac{x+1}{2x+4} \leqq 0$ $\quad \mathbb{L} =$

−4 −2 0 2 4

d) $\frac{4-2x}{5x+8} \leqq 0$ $\quad \mathbb{L} =$

−4 −2 0 2 4

24 Vermischte Aufgaben II

Übung 1

Gib Definitions- und Lösungsmenge an.

a) $\frac{1}{x} + \frac{1}{3x} = \frac{1}{3}$ $\mathbb{D} =$ $\mathbb{L} =$

b) $\frac{3}{7x-2} = -\frac{1}{3}$ $\mathbb{D} =$ $\mathbb{L} =$

c) $\frac{1}{x-2} = \frac{2}{x+2}$ $\mathbb{D} =$ $\mathbb{L} =$

d) $\frac{x-3}{x+4} = \frac{1}{2}$ $\mathbb{D} =$ $\mathbb{L} =$

e) $\frac{1}{x-\frac{1}{2}} = \frac{4}{2x-1}$ $\mathbb{D} =$ $\mathbb{L} =$

Übung 2

Gib Definitions- und Lösungsmenge an.

a) $\frac{1}{2x+10} + \frac{1}{3x+15} = \frac{5}{24}$ $\mathbb{D} =$ $\mathbb{L} =$

b) $\frac{2}{x-5} - \frac{1}{5-x} = 1$ $\mathbb{D} =$ $\mathbb{L} =$

c) $\frac{4}{x+1} - \frac{7}{4x+4} = \frac{3}{2x-2}$ $\mathbb{D} =$ $\mathbb{L} =$

d) $\frac{11x-2}{2x+6} = \frac{2x+15}{2x+6} + \frac{3x-1}{x+3}$ $\mathbb{D} =$ $\mathbb{L} =$

e) $\frac{1}{3-x} - \frac{2}{x+3} = \frac{5-2x}{x^2-9}$ $\mathbb{D} =$ $\mathbb{L} =$

Übung 3

Gib Definitions- und Lösungsmenge an. Die vorkommenden Parameter seien ungleich null.
Achtung, manchmal ist eine Fallunterscheidung notwendig!

a) $\frac{x+b}{ax} = 3$ $\mathbb{D} =$ $\mathbb{L} =$

b) $\frac{1}{x} + \frac{1}{px} = \frac{1}{q}$ $\mathbb{D} =$ $\mathbb{L} =$

c) $3 : x = a : (b+1)$ $\mathbb{D} =$ $\mathbb{L} =$

d) $\frac{1}{b} - \frac{1}{a} = \frac{c}{bx}$ $\mathbb{D} =$ $\mathbb{L} =$

Übung 4 **Löse die Sachaufgabe.**

a) Bei der Verbrennung von 12 g reiner Kohle entstehen 44 g Kohlenstoffdioxid. Wie viele Tonnen (t) Kohlenstoffdioxid entstehen bei der Verbrennung von 100 t Kohle? Runde auf ganze Tonnen.

Antwort: ____

b) Teilt man 6 durch eine ungerade Zahl, so erhält man das Gleiche, wie wenn man 14 durch die übernächste ungerade Zahl teilt. Wie heißt die ungerade Zahl?

Antwort: ____

c) Ein Feuerlöschteich wird durch die kleine Pumpe in 7 Stunden und durch die große Pumpe in 3 Stunden geleert.
Wie lange reicht das Wasser im Teich, wenn beide Pumpen zugleich fördern?

Antwort: ____ Stunden ____ Minuten

d) Das Alter von Hans verhält sich zum Alter von Peter wie 2 : 3. In 5 Jahren verhalten sie sich wie 3 : 4.
Wie alt ist jeder jetzt?

Antwort: Hans ist ____, Peter ist ____ Jahre alt.

Übung 5 **Gib die Lösungsmenge an.**

a) $\frac{x-7}{x+3} = 0$ $\mathbb{L} =$ ____

b) $\frac{x-7}{x+3} > 0$ $\mathbb{L} =$ ____

c) $\frac{x-7}{x+3} \geqq 0$ $\mathbb{L} =$ ____

d) $\frac{x-7}{x+3} < 0$ $\mathbb{L} =$ ____

e) $\frac{x-7}{x+3} \leqq 0$ $\mathbb{L} =$ ____

Übung 6 **Löse nach den angegebenen Größen auf.**

a) $F_R = \mu \cdot F_N$ $F_N =$ ____

b) $\frac{1}{R} = \frac{1}{R_1} + \frac{1}{R_2}$ $R =$ ____ $R_1 =$ ____

A Anhang

Symbole und griechische Buchstaben

Symbole

$\mathbb{G}$	Grundmenge
$\mathbb{D}$	Definitionsmenge
$\mathbb{L}$	Lösungsmenge
$\mathbb{N}$	Menge der natürlichen Zahlen $\mathbb{N} = \{1; 2; 3; \ldots\}$
$\mathbb{Z}$	Menge der ganzen Zahlen
$\mathbb{Q}$	Menge der rationalen Zahlen (Zur Menge der ganzen Zahlen kommen noch die Brüche hinzu.)
$\mathbb{Q}^+$	Menge der positiven rationalen Zahlen
$\{\,\}$	leere Menge
$\setminus$	ohne
$\in$	… Element von …
$\notin$	… nicht Element von …
$\cup$	… vereinigt mit …
$\wedge$	… und zugleich …
$\Rightarrow$	daraus folgt bzw. wenn … dann …
(w)	wahre Aussage
(f)	falsche Aussage, Widerspruch

Beispiele zur Verwendung der Symbole:

$a \wedge b$: Aussage a und zugleich Aussage b
$A \cup B$: Vereinigungsmenge von A und B

$$[p; q] = \{x \in \mathbb{Q} \mid p \leqq x \leqq q\}$$
$$]p; q[= \{x \in \mathbb{Q} \mid p < x < q\}$$
$$[p; \infty[= \{x \in \mathbb{Q} \mid x \geqq p\}$$

griechische Buchstaben

α	alpha	ν	ny
β	beta	ξ	xi
γ	gamma	o	omikron
δ	delta	π	pi
ε	epsilon	ϱ	rho
ζ	zeta	σ	sigma
η	eta	τ	tau
ϑ	theta	υ	ypsilon
ι	jota	φ	phi
$\varkappa$	kappa	χ	chi
λ	lambda	ψ	psi
μ	my	ω	omega

Mathe 8. Klasse

Hans Karl Abele

Bruchterme und Bruchgleichungen

Lösungsteil
(an der Perforation heraustrennen)

Nach dem Heraustrennen bitte hier klammern

Mentor Übungsbuch 901

Mentor Verlag München

1. Wiederholung: Bruchrechnen

Übung 1

a) $\frac{8}{16} = \frac{1}{2}$

b) $\frac{13}{39} = \frac{1}{3}$

c) $\frac{10}{40} = \frac{1}{4}$

d) $\frac{-7}{-14} = \frac{1}{2}$

e) $\frac{16}{16} = 1$

f) $\frac{21}{-3} = -7$

Übung 2

a) $\frac{8}{10} = \frac{80}{100}$

b) $\frac{8}{25} = \frac{32}{100}$

c) $\frac{8}{0{,}5} = \frac{1600}{100}$

d) $\frac{-8}{-50} = \frac{16}{100}$

Übung 3

a) $\frac{3}{8} + \frac{2}{8} = \frac{5}{8}$

b) $\frac{3}{8} - \frac{7}{8} = -\frac{4}{8} = -\frac{1}{2}$

c) $\frac{3}{8} + \frac{2}{16} = \frac{8}{16} = \frac{1}{2}$

d) $\frac{3}{80} - \frac{2}{8} = -\frac{17}{80}$

e) $\frac{3}{8} + \frac{5}{12} = \frac{19}{24}$

f) $\frac{1}{16} - \frac{5}{12} = -\frac{17}{48}$

Übung 4

a) $\frac{3}{8} \cdot 2 = \frac{6}{8} = \frac{3}{4}$

b) $\frac{3}{8} \cdot \frac{2}{7} = \frac{3}{4} \cdot \frac{1}{7} = \frac{3}{28}$

c) $11 \cdot \frac{3}{8} = \frac{33}{8}$ oder $4\frac{1}{8}$

d) $-\frac{3}{8} \cdot \left(-\frac{5}{11}\right) = \frac{15}{88}$

e) $-10 \cdot \frac{1}{30} = -\frac{10}{30} = -\frac{1}{3}$

f) $\frac{3}{4} \cdot \left(-\frac{8}{7}\right) = -\frac{6}{7}$

Übung 5

a) $\frac{3}{8} : 2 = \frac{3}{16}$

b) $\frac{3}{8} : \frac{1}{2} = \frac{3}{8} \cdot \frac{2}{1} = \frac{3}{4}$

c) $\frac{5}{7} : \frac{11}{2} = \frac{5}{7} \cdot \frac{2}{11} = \frac{10}{77}$

d) $-2 : \frac{3}{8} = -2 \cdot \frac{8}{3} = -\frac{16}{3}$ oder $-5\frac{1}{3}$

e) $-\frac{1}{8} : \frac{3}{8} = -\frac{1}{8} \cdot \frac{8}{3} = -\frac{1}{3}$

f) $-\frac{5}{4} : \left(-\frac{3}{2}\right) = \frac{5}{4} \cdot \frac{2}{3} = \frac{5}{6}$

Übung 6

a) $-\frac{1}{3} + \frac{2}{5} - \frac{1}{2} = -\frac{13}{30}$

b) $2\frac{7}{9} \cdot \frac{1}{5} = \frac{5}{9}$

c) $\frac{71}{238} - \frac{6}{476} = \frac{2}{7}$

d) $\frac{3}{13} : 4\frac{1}{8} = \frac{8}{143}$

e) $\frac{2{,}7}{-0{,}01} = -\frac{27000}{100}$

2. Bruchterme und ihre Definitionsmengen

8 | 9

Übung 1

x	−3	−2	−1	0	1	2	3
$T_Z(x) = x + 1$	−2	−1	0	1	2	3	4
$T_N(x) = x \cdot (x + 2)$	3	0	−1	0	3	8	15
$T(x) = \frac{x+1}{x \cdot (x+2)}$	$-\frac{2}{3}$	nicht definiert	0	nicht definiert	$\frac{2}{3}$	$\frac{3}{8}$	$\frac{4}{15}$

$\mathbb{D} = \mathbb{Q} \setminus \{-2; 0\}$

Übung 2

x	−3	−2	−1	0	1	2	3
$T_Z(x) = x - 2$	−5	−4	−3	−2	−1	0	1
$T_N(x) = x^2 - 1$	8	3	0	−1	0	3	8
$T(x) = \frac{x-2}{x^2-1}$	$-\frac{5}{8}$	$-\frac{4}{3}$	nicht definiert	2	nicht definiert	0	$\frac{1}{8}$

$\mathbb{D} = \mathbb{Q} \setminus \{-1; 1\}$

Übung 3

a) $\frac{x}{x-7}$ $\quad \mathbb{D} = \mathbb{Q} \setminus \{7\}$

b) $\frac{x+2}{x^2}$ $\quad \mathbb{D} = \mathbb{Q} \setminus \{0\}$

c) $\frac{x+5}{x+5}$ $\quad \mathbb{D} = \mathbb{Q} \setminus \{-5\}$

d) $\frac{x}{3x-6}$ $\quad \mathbb{D} = \mathbb{Q} \setminus \{2\}$

e) $\frac{5}{0{,}1x-7}$ $\quad \mathbb{D} = \mathbb{Q} \setminus \{70\}$

f) $\frac{3-5x}{8+9x}$ $\quad \mathbb{D} = \mathbb{Q} \setminus \left\{-\frac{8}{9}\right\}$

Übung 4

a) $\frac{a}{x \cdot (x-7)}$ $\quad \mathbb{D} = \mathbb{Q} \setminus \{0; 7\}$

b) $\frac{x}{(x-7)(x+3)}$ $\quad \mathbb{D} = \mathbb{Q} \setminus \{-3; 7\}$

c) $\frac{1}{x \cdot (x+7)(x+5)}$ $\quad \mathbb{D} = \mathbb{Q} \setminus \{-7; -5; 0\}$

d) $\frac{x}{x^2-7x} = \frac{x}{x \cdot (x-7)}$ $\quad \mathbb{D} = \mathbb{Q} \setminus \{0; 7\}$

e) $\frac{c}{x^2+2x^3} = \frac{c}{x^2 \cdot (1+2x)}$ $\quad \mathbb{D} = \mathbb{Q} \setminus \left\{-\frac{1}{2}; 0\right\}$

Übung 5

a) $\frac{x}{x^2-9}$ $\quad \mathbb{D} = \mathbb{Q} \setminus \{-3; 3\}$

b) $\frac{3}{25-x^2}$ $\quad \mathbb{D} = \mathbb{Q} \setminus \{-5; 5\}$

c) $\frac{75}{x^2-4x+4}$ $\quad \mathbb{D} = \mathbb{Q} \setminus \{2\}$

d) $\frac{2a}{x^2+10x+25}$ $\quad \mathbb{D} = \mathbb{Q} \setminus \{-5\}$

e) $\frac{x-4}{x^2+16}$ $\quad \mathbb{D} = \mathbb{Q} \setminus \{\,\} = \mathbb{Q}$

10 | 11

3. Bruchterme erweitern und kürzen

Übung 1

a) $\frac{75}{125} = \frac{3}{5}$

b) $\frac{5a}{25ac} = \frac{1}{5c}$

c) $\frac{5\cdot(a+b)}{5\cdot(a+b)} = 1$

d) $\frac{7{,}5ab}{-15b} = -\frac{a}{2}$

e) $\frac{5a^3b}{15ab^2} = \frac{a^2}{3b}$

f) $\frac{85a^3b^7c^2}{105a^3b^2c^4} = \frac{17b^5}{21c^2}$

Übung 2

a) $\frac{10x+15xy}{5x^2+5x} = \frac{2+3y}{x+1}$

b) $\frac{10x+15xy}{2y+3y^2} = \frac{5x}{y}$

c) $\frac{4x-6y}{3y-2x} = -2$

d) $\frac{x^2-y^2}{x^2-2xy+y^2} = \frac{x+y}{x-y}$

e) $\frac{45x^2-20y^2}{21x-14y} = \frac{5\cdot(9x^2-4y^2)}{7\cdot(3x-2y)} = \frac{15x+10y}{7}$

f) $\frac{15x+15y}{3x^2+3y^2} = \frac{5\cdot(x+y)}{x^2+y^2}$

Übung 3

a) $\frac{3}{-7} = \frac{-9}{21}$

b) $\frac{p}{7q} = \frac{3p^2q}{21pq^2}$

c) $\frac{3}{2pq} = \frac{12q^2r}{8pq^3r}$

d) $\frac{q-1}{1-p} = \frac{1-q}{p-1}$

e) $\frac{3}{p+q} = \frac{15}{5p+5q}$

f) $\frac{5}{p} = \frac{5p+5q}{p^2+pq}$

Übung 4

a) $\frac{4u}{u+v} = \frac{4u^2-4uv}{u^2-v^2}$ erweitert mit: $(u-v)$

b) $\frac{a-2}{2a-3} = \frac{2-a}{3-2a}$ erweitert mit: (-1)

c) $\frac{2a-1}{a+3} = \frac{2a^2+5a-3}{(a+3)^2}$ erweitert mit: $(a+3)$

d) $\frac{a-2b}{3a-2b} = \frac{3a^2-8ab+4b^2}{9a^2-12ab+4b^2}$ erweitert mit: $(3a-2b)$

e) $\frac{1}{u^2-v^2} = \frac{u^2+v^2}{u^4-v^4}$ erweitert mit: (u^2+v^2)

f) $\frac{5a}{a-7} = \frac{5a^2+10a}{a^2-5a-14}$ erweitert mit: $(a+2)$

g) $\frac{b-a}{-a-b} = \frac{2a-2b}{2a+2b}$ erweitert mit: (-2)

h) $\frac{b}{a-2} = \frac{ab-2b}{a^2-4a+4}$ erweitert mit: $(a-2)$

i) $\frac{x+5}{2-x} = \frac{x^2+8x+15}{6-x-x^2}$ erweitert mit: $(x+3)$

j) $\frac{-x}{a-5} = \frac{2x^3}{10x^2-2ax^2}$ erweitert mit: $-2x^2$

4. Hauptnenner von Bruchtermen

Übung 1

a) 42
b) $6abc$
c) $12xy^2$
d) $x^2\cdot(x+1)$
e) $x\cdot(x-1)(x+1)$
f) $30a^2b^3c^5$
g) $30\cdot(x+y)$
h) $a\cdot(a+b)$
i) $6\cdot(x-y)(x+y)$
j) $10xy^4$
k) $ax^2\cdot(x^2-9a^2)$
l) $ax\cdot(a-x)$

Übung 2

a) $\frac{1}{3a} = \frac{5b}{15ab}$; $\frac{1}{5ab} = \frac{3}{15ab}$

b) $\frac{1}{3x^2} = \frac{5y}{15x^2y}$; $\frac{1}{15xy} = \frac{x}{15x^2y}$

c) $\frac{1}{3u+3v} = \frac{5}{15(u+v)}$; $\frac{1}{5u+5v} = \frac{3}{15(u+v)}$

d) $\frac{1}{-3a} = \frac{-2b}{6ab}$; $\frac{1}{2ab} = \frac{3}{6ab}$

e) $\frac{5-a}{2a^2-8} = \frac{15-3a}{6\cdot(a^2-4)}$; $\frac{a+3}{3a^2-12} = \frac{2a+6}{6\cdot(a^2-4)}$

f) $\frac{1}{6a-3} = \frac{4a^2}{12a^2(2a-1)}$; $\frac{a^2+5}{8a^3-4a^2} = \frac{3a^2+15}{12a^2\cdot(2a-1)}$

Übung 3

a) HN $= a\cdot(a-1)(a+1)$; EF: $(a+1)$; $a\cdot(a-1)$

b) HN $= 2\cdot(x-y)(x+y)$; EF: $2\cdot(x+y)$; 2; $(x-y)$

c) HN $= 6x\cdot(x+y)(x-y)$; EF: $3\cdot(x-y)$; $2\cdot(x+y)$; $(x+y)(x-y)$

14 | 15

5. Addition und Subtraktion gleichnamiger Bruchterme

Übung 1

a) $\frac{1}{8} + \frac{5}{8} - \frac{3}{8} = \frac{3}{8}$

b) $\frac{7}{a} + \frac{4}{a} - \frac{1}{a} = \frac{10}{a}$

c) $\frac{2}{5b} + \frac{1}{5b} - \frac{4}{5b} = -\frac{1}{5b}$

d) $\frac{1}{7x} + \frac{2}{7x} + \frac{4}{7x} = \frac{1}{x}$

e) $\frac{4}{3a} - \frac{8}{3a} + \frac{4}{3a} = 0$

f) $\frac{b}{a^2} + \frac{2b}{a^2} - \frac{7b}{a^2} = -\frac{4b}{a^2}$

g) $-\frac{6+a}{y} + \frac{9}{y} - \frac{4-a}{y} = -\frac{1}{y}$

h) $\frac{xy-1}{xy} - \frac{2+3xy}{xy} + \frac{6xy+7}{xy} - \frac{2xy+4}{xy} = 2$

Übung 2

a) $\frac{2}{x+1} + \frac{5}{x+1} - \frac{10}{x+1} = -\frac{3}{x+1}$

b) $\frac{2}{a+b} + \frac{-3}{a+b} - \frac{-5}{a+b} = \frac{4}{a+b}$

c) $\frac{4x}{3x+1} + \frac{7x}{3x+1} - \frac{8x}{3x+1} = \frac{3x}{3x+1}$

d) $\frac{3x}{3x+1} + \frac{1}{3x+1} = 1$

e) $\frac{3a}{a+b} + \frac{5a}{a+b} - \frac{2b}{a+b} = \frac{8a-2b}{a+b}$

f) $\frac{2x}{x-y} + \frac{2y}{x-y} - \frac{4y}{x-y} = 2$

g) $\frac{1-8ax}{2-ax} + \frac{ax+2}{2-ax} - \frac{-2-7ax}{2-ax} = \frac{5}{2-ax}$

h) $-\frac{2y+3b^2}{y^2-4b^4} - \frac{b^2-3y}{y^2-4b^4} + \frac{6b^2}{y^2-4b^4} = \frac{1}{y-2b^2}$

Übung 3

a) $\frac{a-3c}{c} = \frac{a}{c} - 3$

b) $\frac{2a-3b}{a} = 2 - \frac{3b}{a}$

c) $\frac{x^2+xy}{y} = \frac{x^2}{y} + x$

d) $\frac{a^2-5a+2}{a^2} = 1 - \frac{5}{a} + \frac{2}{a^2}$

e) $\frac{5a+10b}{5} = a + 2b$

f) $\frac{3x^2+5x}{x} = 3x + 5$

g) $\frac{3x+xy-5y}{2xy} = \frac{3}{2y} + \frac{1}{2} - \frac{5}{2x}$

Übung 4

a) $\frac{a-b}{a+b} + \frac{2a-b}{a+b} = \frac{3a-2b}{a+b}$

b) $\frac{2x-3y}{x+y} - \frac{5x-8y}{x+y} = \frac{-3x+5y}{x+y}$

c) $\frac{2\cdot(3a-1)}{2a+1} + \frac{3\cdot(1-2a)}{2a+1} = \frac{1}{2a+1}$

d) $\frac{a^2}{a+b} + \frac{2ab+b^2}{a+b} = \frac{(a+b)^2}{a+b} = a+b$

e) $\frac{10a^2}{a-b} - \frac{20ab-10b^2}{a-b} = 10\cdot(a-b)$

f) $\frac{a}{a+3} - \frac{a^2-2a}{a+3} = \frac{3a-a^2}{a+3}$

Übung 5

a) $\frac{10}{2a} + \frac{4}{a} + \frac{a}{a^2} = \frac{10}{a}$

b) $\frac{5}{x} + \frac{10}{2x} + \frac{1}{-x} = \frac{10+10-2}{2x} = \frac{9}{x}$

c) $\frac{2}{x} + \frac{-3}{-x} - \frac{4}{-x} = \frac{9}{x}$

d) $\frac{1}{a-b} + \frac{1}{-a+b} = 0$

e) $\frac{10a}{a-b} + \frac{b}{b-a} = \frac{10a-b}{a-b}$

f) $\frac{20}{10x} + \frac{0{,}5}{0{,}1x} = \frac{7}{x}$

6. Addition und Subtraktion ungleichnamiger Bruchterme

16 | 17

Übung 1

a) $\frac{1}{3a} - \frac{1}{2a} + \frac{1}{a} = \frac{5}{6a}$ c) $\frac{4a}{7b} - \frac{2a}{5b} + \frac{a}{b} = \frac{41a}{35b}$ e) $\frac{2}{3y} - \frac{5}{8y} - \frac{1}{-6y} = \frac{5}{24y}$

b) $\frac{3}{4x} - \frac{1}{x} + \frac{5}{6x} = \frac{7}{12x}$ d) $\frac{4}{5c} + \frac{2}{-c} - \frac{8}{3c} = -\frac{58}{15c}$ f) $\frac{b}{7a} + \frac{2b}{5a} - \frac{3}{1} = \frac{19b - 105a}{35a}$

Übung 2

a) $\frac{5}{a} - \frac{4}{b} = \frac{5b - 4a}{ab}$ c) $\frac{5}{a^2} + \frac{2}{a} = \frac{5 + 2a}{a^2}$ e) $\frac{1 + x^5}{x^7} - \frac{1 - x}{x^2} = \frac{1 + x^6}{x^7}$

b) $\frac{3}{xy} - \frac{2}{xz} = \frac{3z - 2y}{xyz}$ d) $\frac{1}{x^4 y} - \frac{2}{xy^2} = \frac{y - 2x^3}{x^4 y^2}$ f) $\frac{5}{x} - \frac{7}{x^3} + 3 = \frac{5x^2 - 7 + 3x^3}{x^3}$

Übung 3

a) $\frac{1}{x + y} - \frac{1}{y + z} = \frac{z - x}{(x + y)(y + z)}$ e) $\frac{1}{a + 1} + 1 = \frac{a + 2}{a + 1}$

b) $\frac{3}{3 - x} - \frac{2}{x + 2} = \frac{5x}{(3 - x)(x + 2)}$ f) $x - \frac{x^2 + y^2}{x} = -\frac{y^2}{x}$

c) $\frac{x}{x - 1} - \frac{x}{1 - y} = \frac{2x - xy - x^2}{(x - 1)(1 - y)}$ g) $1 - \frac{a^2 - 2b^2}{a^2} = \frac{2b^2}{a^2}$

d) $\frac{1}{x} - \frac{1}{x + 1} = \frac{1}{x \cdot (x + 1)}$ h) $\frac{1}{x - 1} + \frac{1}{1 - x} = 0$

Übung 4

a) $\frac{25x - 17y}{3x + 6y} - \frac{18x + 3y}{5x + 10y} = \frac{125x - 85y - 54x - 9y}{15 \cdot (x + 2y)} = \frac{71x - 94y}{15 \cdot (x + 2y)}$

b) $\frac{a}{10a + 20b} - \frac{2b}{3a + 6b} = \frac{3a - 20b}{30 \cdot (a + 2b)}$

c) $\frac{3x + 5y}{45x + 12y} + \frac{3x - 2y}{30x + 8y} = \frac{1}{6}$ e) $\frac{b}{a^2 + ab} - \frac{a}{ab + b^2} = \frac{b - a}{ab}$

d) $\frac{xy^2}{(x + y)^2} - \frac{y^2}{x + y} = -\frac{y^3}{(x + y)^2}$ f) $\frac{5a}{a - b} - \frac{3a}{b - a} = \frac{8a}{a - b}$

Übung 5

a) $\frac{3}{a + 1} + \frac{6}{a^2 - 1} = \frac{3 \cdot (a - 1)}{(a + 1)(a - 1)} + \frac{6}{(a + 1)(a - 1)} = \frac{3}{a - 1}$

b) $\frac{y}{x^2 + xy} + \frac{x - y}{(x + y)^2} = \frac{x^2 + y^2}{x \cdot (x + y)^2}$

c) $\frac{3}{xy - y^2} - \frac{5}{x^2 - y^2} = \frac{3x - 2y}{y \cdot (x - y)(x + y)}$ e) $\frac{5a}{a + 3} - \frac{5a^2 - a}{(a + 3)^2} = \frac{16a}{(a + 3)^2}$

d) $\frac{3}{a + 1} - \frac{2}{a - 1} + \frac{6}{a^2 - 1} = \frac{1}{a - 1}$ f) $\frac{a}{2a + 1} + \frac{1}{4a^2 + 4a + 1} + 1 = \frac{6a^2 + 5a + 2}{(2a + 1)^2}$

18 19 7. Multiplikation

Übung 1

a) $\frac{2}{3} \cdot \frac{3}{8} = \frac{1}{4}$

b) $-2 \cdot \frac{1}{5} = -\frac{2}{5}$

c) $\frac{1}{11} \cdot \frac{3}{5} = \frac{3}{55}$

d) $5 \cdot \frac{2}{10} = 1$

e) $\left(-\frac{3}{8}\right) \cdot \left(-\frac{1}{3}\right) = \frac{1}{8}$

f) $\frac{2}{7} \cdot 5 = \frac{10}{7}$

Übung 2

a) $\frac{3}{x} \cdot \frac{10}{y^2} = \frac{30}{xy^2}$

b) $\left(-\frac{3x}{4}\right) \cdot \left(-\frac{2}{y}\right) = \frac{3x}{2y}$

c) $\left(-\frac{3a}{2b}\right)^2 = \frac{9a^2}{4b^2}$

d) $\left(\frac{4a}{5b}\right)^3 \quad \frac{64a^3}{125b^3}$

e) $6a \cdot \frac{b^2c}{a^2} = \frac{6b^2c}{a}$

f) $\frac{xy}{z^2} \cdot z = \frac{xy}{z}$

Übung 3

a) $\frac{abc}{x} \cdot \frac{x^2}{b^2c} = \frac{ax}{b}$

b) $-2x^2 \cdot \frac{yz}{x^3} = -\frac{2yz}{x}$

c) $\frac{36a^2b}{5c^3} \cdot \frac{25bc}{9a} = \frac{20ab^2}{c^2}$

d) $\left(\frac{c}{ab}\right)^2 \cdot \frac{a^2b^2}{c^2} = 1$

e) $-4x^3 \cdot \frac{x^2}{2y^2} = -\frac{2x^5}{y^2}$

f) $-x \cdot \left(-\frac{x}{y}\right)^2 = -\frac{x^3}{y^2}$

g) $\frac{5b}{a} \cdot \frac{xy}{2b} \cdot \frac{3a^2}{x} = \frac{15ay}{2}$

h) $\frac{-uv}{9x^3} \cdot \frac{8x}{u} \cdot \frac{3x^2}{-64v^2} = \frac{1}{24v}$

Übung 4

Beim Multiplizieren fehlt eine Klammer. Es muss heißen: $\frac{20+4}{2} \cdot \frac{2}{1} = \frac{(20+4) \cdot 2}{2 \cdot 1}$

Übung 5

a) $\frac{x+5}{2x^2} \cdot \frac{4}{x} = \frac{2 \cdot (x+5)}{x^3}$

b) $\frac{3a+3b}{xy} \cdot \frac{z}{5a+5b} = \frac{3z}{5xy}$

c) $\frac{5x+5y}{ab} \cdot \frac{c}{(x+y)^2} = \frac{5c}{ab \cdot (x+y)}$

d) $\frac{x^2+y^2}{x^2-y^2} \cdot \frac{x+y}{2} = \frac{x^2+y^2}{2 \cdot (x-y)}$

e) $\frac{6a-6b}{xy^2} \cdot \frac{y}{b-a} = -\frac{6}{xy}$

f) $\frac{x}{a+b} \cdot \frac{a+b}{y} = \frac{x}{y}$

Übung 6

a) $\frac{15x+6y}{3a+3b} \cdot \frac{12 \cdot (a+b)^2}{5x+2y} = 12 \cdot (a+b)$

b) $\frac{16x+20}{9-x} \cdot \frac{4x^2-9}{16x^2-25} = \frac{4 \cdot (4x^2-9)}{(9-x)(4x-5)}$

c) $\frac{a^2-10a+25}{a+1} \cdot \frac{a^2+2a+1}{a-5} = (a-5)(a+1)$

d) $\frac{3a+6b}{a-b} \cdot \frac{a^2-b^2}{(a+2b)^2} = \frac{3 \cdot (a+b)}{a+2b}$

e) $(10a^2-140a+490) \cdot \frac{a}{a^2-49} = \frac{10a \cdot (a-7)}{a+7}$

f) $\frac{39a-3x}{9y^2+102y+289} \cdot \frac{289-9y^2}{13ax-x^2} = \frac{3 \cdot (17-3y)}{x \cdot (17+3y)}$

8. Division

20 21

Übung 1

a) $\frac{1}{3} : \frac{1}{2} = \frac{2}{3}$

b) $\frac{2x}{y} : (5x) = \frac{2}{5y}$

c) $12 : \left(-\frac{1}{a}\right) = -12a$

d) $\frac{xy}{z^2} : \frac{x}{z} = \frac{y}{z}$

e) $\frac{5a}{6b} : \frac{2c}{3d} = \frac{5ad}{4bc}$

f) $-\frac{1}{a} : \left(-\frac{1}{ab}\right) = b$

Übung 2

a) $24a : \frac{12b}{5} = \frac{10a}{b}$

b) $100ab^2c^3 : \frac{25a^2}{9b} = \frac{36b^3c^3}{a}$

c) $\frac{64x^2y^2}{27z^3} : (16xy^2) = \frac{4x}{27z^3}$

d) $\frac{5\cdot(a+b)}{19x} : \frac{25}{3x^2} = \frac{3x\cdot(a+b)}{95}$

e) $\frac{51x^4y^6}{11a^2} : (85x^2y^4) = \frac{3x^2y^2}{55a^2}$

f) $\left(\frac{2x}{y} : \frac{2b}{a}\right) : \frac{b}{y} = \frac{ax}{b^2}$

g) $\frac{3a}{4b} : \left(-\frac{1}{2b^2}\right) = -\frac{3ab}{2}$

h) $-\frac{16av^3y^3c^5}{7x^2b} : \frac{2cv^3y^2u}{21b^4x^6} = -\frac{24ab^3c^4x^4y}{u}$

Übung 3

a) $\frac{a+b}{c} : \frac{2a+2b}{d} = \frac{d}{2c}$

b) $(3x+3y) : \frac{5x+5y}{-z} = -\frac{3}{5}z$

c) $\frac{a+b}{a-b} : \frac{a^2+b^2}{(a-b)^2} = \frac{(a+b)(a-b)}{a^2+b^2}$

d) $\frac{a-b}{a+b} : \frac{b-a}{b+a} = -1$

e) $\frac{a-b}{a+b} : \frac{a+b}{a-b} = \frac{(a-b)^2}{(a+b)^2}$

f) $\frac{5x+5y}{x} : (x+y)^2 = \frac{5}{x\cdot(x+y)}$

Übung 4

Hier wurde der falsche Bruch umgekehrt. Richtig ist: $\frac{12}{2} : \frac{3}{1} = \frac{12}{2} \cdot \frac{1}{3}$

Übung 5

a) $\frac{4x-3y}{x-3y} : \frac{36x-27y}{5x-15y} = \frac{5}{9}$

b) $\frac{x^2-3x}{x^3y-xy^3} : \frac{x-3}{x^2y+xy^2} = \frac{x\cdot(x-3)}{xy\cdot(x-y)(x+y)} \cdot \frac{xy\cdot(x+y)}{x-3} = \frac{x}{x-y}$

c) $\frac{4x^2-9y^2}{5xy} : (8x-12y) = \frac{2x+3y}{20xy}$

d) $(a^2+6a+9) : \frac{a+3}{a-3} = (a-3)(a+3)$

e) $\frac{a-1}{9b^2-12b+4} : \frac{a^2-2a+1}{2-3b} = \frac{a-1}{(3b-2)^2} \cdot \frac{2-3b}{(a-1)^2} = \frac{1}{(a-1)(2-3b)}$

f) $\frac{a^3-b^3}{a-b} : \frac{a+b}{a-b} = \frac{(a+b)(a^2-ab+b^2)}{a-b} \cdot \frac{a-b}{a+b} = a^2-ab+b^2$

22 23

9. Doppelbrüche

Übung 1

a) $\dfrac{3}{\frac{1}{8}} = 24$ b) $\dfrac{\frac{3}{7}}{1\frac{2}{3}} = \dfrac{9}{35}$ c) $\dfrac{\frac{11}{18}}{\frac{7}{6}} = \dfrac{11}{21}$ d) $\dfrac{\frac{39}{100}}{-13} = -\dfrac{3}{100}$

Übung 2

a) $\dfrac{\frac{2a}{b}}{d} = \dfrac{2a}{bd}$ c) $\dfrac{\frac{2a}{3b}}{6a^2} = \dfrac{1}{9ab}$ e) $\dfrac{\frac{u^2}{vw^2}}{\frac{u^2w}{v^2}} = \dfrac{v}{w^3}$

b) $\dfrac{\frac{ab}{d}}{\frac{ac}{b}} = \dfrac{b^2}{cd}$ d) $\dfrac{\frac{x^2}{5y}}{\frac{5x}{z}} = \dfrac{xz}{25y}$ f) $\dfrac{\frac{21ab^2x^5}{2yz}}{\frac{7a^2b^2}{26y^3z}} = \dfrac{39x^5y^2}{a}$

Übung 3

a) $\dfrac{\frac{1}{a-b}}{\frac{1}{a+b}} = \dfrac{a+b}{a-b}$ c) $\dfrac{\frac{a^2-b^2}{a}}{\frac{a+b}{b}} = \dfrac{(a-b)\cdot b}{a}$

b) $\dfrac{\frac{1}{3x+4y}}{\frac{3}{30x+40y}} = \dfrac{10}{3} = 3\frac{1}{3}$ d) $\dfrac{a-b}{\frac{b-a}{c}} = -c$

Übung 4

a) $\dfrac{\frac{1}{2}+\frac{1}{3}}{\frac{1}{2}-\frac{1}{3}} = 5$ c) $\dfrac{2+\frac{x}{y}}{2-\frac{x}{y}} = \dfrac{2y+x}{2y-x}$

b) $\dfrac{\frac{1}{a}+\frac{1}{b}}{\frac{1}{a}-\frac{1}{b}} = \dfrac{b+a}{b-a}$ d) $\dfrac{\frac{1}{abc}}{\frac{1}{ab}-\frac{1}{bc}} = \dfrac{1}{c-a}$

Übung 5

a) $\dfrac{\frac{1}{2x}}{\frac{1}{x+1}}$ $\mathbb{D} = \mathbb{Q} \setminus \{-1; 0\}$

b) $\dfrac{x+3}{\frac{1}{x}-\frac{1}{3}}$ $\mathbb{D} = \mathbb{Q} \setminus \{0; 3\}$

c) $\dfrac{\frac{1}{x+3}}{\frac{x}{x-2}}$ $\mathbb{D} = \mathbb{Q} \setminus \{-3; 0; 2\}$

10. Vermischte Aufgaben I

24 | 25

Übung 1

a) $\left(\frac{1}{2}+\frac{1}{3}\right):\frac{1}{4} = 3\frac{1}{3}$ c) $\left(\frac{3}{4}-\frac{7}{8}\right)\cdot\left(\frac{1}{12}+\frac{4}{3}\right) = -\frac{17}{96}$ e) $\left(\frac{1}{4}\cdot\frac{1}{3}\cdot\frac{1}{6}\right):\frac{1}{20} = \frac{5}{18}$

b) $\dfrac{\frac{1}{2}}{\frac{1}{4}-\frac{1}{3}} = -6$ d) $\left[\left(\frac{1}{16}:\frac{1}{8}\right):\frac{1}{4}\right]:\frac{1}{2} = 4$ f) $\left(-\frac{16}{32}\right)^5 = -\frac{1}{32}$

Übung 2

a) $\left(\frac{a}{b}+\frac{c}{b}\right)\cdot\frac{b^2}{a+c} = b$ d) $\left(\frac{a}{3b}+\frac{5}{a}\right)^2-\left(\frac{a}{3b}-\frac{5}{a}\right)^2 = \frac{20}{3b}$

b) $\left(1+\frac{b}{2a}\right)^2 = \frac{(2a+b)^2}{4a^2}$ e) $\left(\frac{1}{a}+\frac{1}{b}\right)\cdot\left(\frac{1}{c}+\frac{1}{d}\right) = \frac{ac+ad+bc+bd}{abcd}$

c) $\left(\frac{u}{v}+\frac{w}{3}\right)\cdot\left(\frac{u}{v}-\frac{w}{3}\right) = \frac{9u^2-v^2w^2}{9v^2}$ f) $\left(\frac{1}{u^2}-\frac{1}{v^2}\right)\cdot(-2uv) = \frac{2\cdot(u^2-v^2)}{uv}$

Übung 3

a) $(a+b):\left(\frac{1}{a}+\frac{1}{b}\right) = ab$ e) $\dfrac{\frac{u}{3}+\frac{v}{4}}{\frac{u}{3}-\frac{v}{4}} = \frac{4u+3v}{4u-3v}$

b) $(a-b):\left(\frac{1}{a}-\frac{1}{b}\right) = -ab$ f) $\dfrac{1-\frac{(x+y)^2}{4xy}}{1-\frac{x}{y}} = \frac{4xy-x^2-2xy-y^2}{4x\cdot(y-x)} = \frac{x-y}{4x}$

c) $\left(\frac{2x}{3y}+\frac{5x}{7y}\right):\left(\frac{2x}{3y}-\frac{5x}{7y}\right) = -29$ g) $\dfrac{\frac{1}{y}+\frac{1}{x}}{\frac{x}{y}-\frac{y}{x}} = \frac{1}{x-y}$

d) $\left(\frac{a}{b}-\frac{b}{a}\right):\left(\frac{1}{a}-\frac{1}{b}\right) = -a-b$ h) $(4v-3u)\cdot\left(\frac{u}{3}-\frac{v}{4}\right):\left(\frac{u}{4}-\frac{v}{3}\right) = 3v-4u$

Übung 4

a) $\frac{a^3bc}{a^2b^2c^4}$; $\frac{ab^3}{a^2b^2c^4}$; $\frac{c^5}{a^2b^2c^4}$

b) $\frac{y^2}{xy\cdot(x+y)}$; $\frac{(x+y)^2}{xy\cdot(x+y)}$; $\frac{x^2y}{xy\cdot(x+y)}$

c) $\frac{a\cdot(a-b)}{3\cdot(a+b)(a-b)}$; $\frac{3b}{3\cdot(a+b)(a-b)}$; $\frac{a\cdot(a+b)}{3\cdot(a+b)(a-b)}$

d) $\frac{5u}{5\cdot(u+5)^2}$; $\frac{u+5}{5\cdot(u+5)^2}$; $\frac{25\cdot(u+5)}{5\cdot(u+5)^2}$

Übung 5

Zum Beispiel so: a) $2+2+2 = 6$

b) $3\cdot3-3 = 6$ c) $5+5:5 = 6$ d) $6+6-6 = 6$ e) $7-7:7 = 6$

26 27

11. Wiederholung: Gewöhnliche Gleichungen

Übung 1

a) $\mathbb{L} = \{1\}$

b) $\mathbb{L} = \{\,\}$ $\left(x = \frac{2}{3} \notin \mathbb{N}\right)$

c) $\mathbb{L} = \mathbb{N}$

d) $\mathbb{L} = \{\,\}$ $(x = -2 \notin \mathbb{N})$

e) $\mathbb{L} = \{5\}$

f) $\mathbb{L} = \{\,\}$

Übung 2

a) $\mathbb{L} = \{4\}$; Probe: 22

b) $\mathbb{L} = \left\{\frac{2}{3}\right\}$; Probe: $59\frac{2}{3}$

c) $\mathbb{L} = \{5\}$; Probe: 115

d) $\mathbb{L} = \left\{\frac{1}{2}\right\}$; Probe: $11\frac{1}{2}$

e) $\mathbb{L} = \{7\}$; Probe: 266

f) $\mathbb{L} = -1\frac{13}{14}$; Probe: $-\frac{733}{14}$

Übung 3

a) $\mathbb{L} = \{a\}$ b) $\mathbb{L} = \{0{,}9a\}$ c) $\mathbb{L} = \left\{\frac{1}{2}a\right\}$ d) $\mathbb{L} = \{6p\}$ e) $\mathbb{L} = \{0\}$

Übung 4

a) $\mathbb{L} = \{3\}$ b) $\mathbb{L} = \{0\}$ c) $\mathbb{L} = \{\,\}$ d) $\mathbb{L} = \{1{,}6\}$ e) $\mathbb{L} = \mathbb{Q}$

Übung 5

a) $\mathbb{L} = \mathbb{Q}$ b) $\mathbb{L} = \{0\}$ c) $\mathbb{L} = \{1\}$ d) $\mathbb{L} = \left\{\frac{1}{2}\right\}$

Übung 6

a) $\mathbb{L} = \{0\}$ b) $\mathbb{L} = \mathbb{Q}$ c) $\mathbb{L} = \{\,\}$ d) $\mathbb{L} = \{0\}$

Übung 7

a) $\mathbb{L} = \{\,\}$ $(-15 \notin \mathbb{N})$ b) $\mathbb{L} = \{-15\}$ c) $\mathbb{L} = \{-15\}$

28 29

12. Definitionsmenge von Bruchgleichungen

Übung 1

a) $\mathbb{D} = \mathbb{Q} \setminus \{0\}$

b) $\mathbb{D} = \mathbb{Q} \setminus \{0\}$

c) $\mathbb{D} = \mathbb{Q} \setminus \{-2\}$

d) $\mathbb{D} = \mathbb{Q} \setminus \left\{-\frac{1}{5}\right\}$

e) $\mathbb{D} = \mathbb{Q} \setminus \{2\}$

f) $\mathbb{D} = \mathbb{Q}$

Übung 2

a) $\mathbb{D} = \mathbb{Q} \setminus \left\{-\frac{1}{2}; \frac{1}{2}\right\}$

b) $\mathbb{D} = \mathbb{Q} \setminus \left\{-\frac{1}{4}; \frac{1}{3}\right\}$

c) $\mathbb{D} = \mathbb{Q} \setminus \left\{\frac{1}{3}\right\}$

d) $\mathbb{D} = \mathbb{Q} \setminus \{-2; 0\}$

e) $\mathbb{D} = \mathbb{Q} \setminus \left\{-\frac{9}{5}; \frac{2}{11}\right\}$

Übung 3

a) $\mathbb{D} = \mathbb{Q} \setminus \{-1; 2\}$

b) $\mathbb{D} = \mathbb{Q} \setminus \left\{-5; -\frac{3}{2}\right\}$

c) $\mathbb{D} = \mathbb{Q} \setminus \left\{-2; \frac{3}{2}\right\}$

d) $\mathbb{D} = \mathbb{Q} \setminus \{-2; 2\}$

e) $\mathbb{D} = \mathbb{Q} \setminus \{-7; 7\}$

Übung 4

a) $\mathbb{D} = \mathbb{Q} \setminus \{-3\}$

b) $\mathbb{D} = \mathbb{Q} \setminus \{-2; 2\}$

c) $x^2 - 9x + 8 = (x-1)(x-8) \Rightarrow \mathbb{D} = \mathbb{Q} \setminus \{1; 8\}$

d) $x^2 - 2x - 15 = (x+3)(x-5) \Rightarrow \mathbb{D} = \mathbb{Q} \setminus \{-3; 5\}$

e) $\mathbb{D} = \mathbb{Q} \setminus \{-1; 0; 3\}$

f) $\mathbb{D} = \mathbb{Q} \setminus \{0\}$

30 31

13. Multiplizieren mit dem Nenner

Übung 1

a) $\mathbb{D} = \mathbb{Q} \setminus \{0\}$ $\mathbb{L} = \left\{\frac{3}{7}\right\}$

b) $\mathbb{D} = \mathbb{Q} \setminus \{0\}$ $\mathbb{L} = \{\,\}$

c) $\mathbb{D} = \mathbb{Q} \setminus \{0\}$ $\mathbb{L} = \left\{\frac{1}{4}\right\}$

d) $\mathbb{D} = \mathbb{Q} \setminus \{2\}$ $\mathbb{L} = \{4\}$

e) $\mathbb{D} = \mathbb{Q} \setminus \left\{\frac{1}{2}\right\}$ $\mathbb{L} = \left\{\frac{3}{4}\right\}$

Übung 2

a) $\mathbb{D} = \mathbb{Q} \setminus \{0\}$ $\mathbb{L} = \{5\}$

b) $\mathbb{D} = \mathbb{Q} \setminus \{-1\}$ $\mathbb{L} = \{\,\}$

c) $\mathbb{D} = \mathbb{Q} \setminus \{1\}$ $\mathbb{L} = \mathbb{Q} \setminus \{1\}$

d) $\mathbb{D} = \mathbb{Q} \setminus \{0\}$ $\mathbb{L} = \{4\}$

e) $\mathbb{D} = \mathbb{Q} \setminus \left\{-\frac{3}{2}\right\}$ $\mathbb{L} = \{1\}$

f) $\mathbb{D} = \mathbb{Q} \setminus \{7\}$ $\mathbb{L} = \{4\}$

Übung 3

a) $\mathbb{D} = \mathbb{Q} \setminus \{-1\}$ $\mathbb{L} = \mathbb{Q} \setminus \{-1\}$

b) $\mathbb{D} = \mathbb{Q} \setminus \{0\}$ $\mathbb{L} = \{3\}$

c) $\mathbb{D} = \mathbb{Q} \setminus \left\{-\frac{2}{3}\right\}$ $\mathbb{L} = \{-3\}$

d) $\mathbb{D} = \mathbb{Q} \setminus \left\{\frac{8}{3}\right\}$ $\mathbb{L} = \{-7\}$

e) $\mathbb{D} = \mathbb{Q} \setminus \left\{-\frac{7}{8}\right\}$ $\mathbb{L} = \left\{-\frac{1}{3}\right\}$

Übung 4

a) $\mathbb{D} = \mathbb{Q} \setminus \{0\}$ $\mathbb{L} = \left\{\frac{3}{2}\right\}$

b) $\mathbb{D} = \mathbb{Q} \setminus \{0\}$ $\mathbb{L} = \{1\}$

c) $\mathbb{D} = \mathbb{Q} \setminus \{0\}$ $\mathbb{L} = \left\{\frac{1}{2}\right\}$

d) $\mathbb{D} = \mathbb{Q} \setminus \{2\}$ $\mathbb{L} = \{1\}$

e) $\mathbb{D} = \mathbb{Q} \setminus \{0\}$ $\mathbb{L} = \{1\}$

f) $\mathbb{D} = \mathbb{Q} \setminus \{0\}$ $\mathbb{L} = \{\,\}$ $(x = 0 \notin \mathbb{D})$

14. Kreuzweises Multiplizieren

32 | 33

Übung 1

a) $\mathbb{D} = \mathbb{Q} \setminus \{0\}$ $\quad \mathbb{L} = \left\{\frac{3}{5}\right\}$

b) $\mathbb{D} = \mathbb{Q} \setminus \{0\}$ $\quad \mathbb{L} = \left\{\frac{21}{10}\right\}$

c) $\mathbb{D} = \mathbb{Q} \setminus \{2\}$ $\quad \mathbb{L} = \{4\}$

d) $\mathbb{D} = \mathbb{Q} \setminus \left\{-\frac{1}{2}\right\}$ $\quad \mathbb{L} = \{7\}$

e) $\mathbb{D} = \mathbb{Q} \setminus \left\{\frac{5}{3}\right\}$ $\quad \mathbb{L} = \{3\}$

Übung 2

a) $\mathbb{D} = \mathbb{Q} \setminus \{0; 5\}$ $\quad \mathbb{L} = \{-15\}$

b) $\mathbb{D} = \mathbb{Q} \setminus \{0; 4{,}75\}$ $\quad \mathbb{L} = \{1\}$

c) $\mathbb{D} = \mathbb{Q} \setminus \{-2\}$ $\quad \mathbb{L} = \{\,\}$

d) $\mathbb{D} = \mathbb{Q} \setminus \{0{,}25\}$ $\quad \mathbb{L} = \{\,\}$

Übung 3

a) $\mathbb{D} = \mathbb{Q} \setminus \{0{,}5; 1{,}25\}$ $\quad \mathbb{L} = \{11\}$

b) $\mathbb{D} = \mathbb{Q} \setminus \{-4; 3\}$ $\quad \mathbb{L} = \{10\}$

c) $\mathbb{D} = \mathbb{Q} \setminus \{-3; 5\}$ $\quad \mathbb{L} = \{-1\}$

d) $\mathbb{D} = \mathbb{Q} \setminus \left\{\frac{11}{15}; \frac{9}{5}\right\}$ $\quad \mathbb{L} = \{5\}$

e) $\mathbb{D} = \mathbb{Q} \setminus \left\{-\frac{3}{5}; \frac{1}{5}\right\}$ $\quad \mathbb{L} = \{-1\}$

f) $\mathbb{D} = \mathbb{Q} \setminus \left\{-5; \frac{2}{3}\right\}$ $\quad \mathbb{L} = \left\{\frac{1}{10}\right\}$

Übung 4

a) $\mathbb{D} = \mathbb{Q} \setminus \{0; 3\}$ $\quad \mathbb{L} = \left\{-\frac{5}{3}\right\}$

b) $\mathbb{D} = \mathbb{Q} \setminus \{2; 4\}$ $\quad \mathbb{L} = \{6\}$

Stelle in c) und d) die Gleichung zuerst um, sodass auf jeder Seite ein Bruch steht!

c) $\mathbb{D} = \mathbb{Q} \setminus \left\{-3; \frac{1}{3}\right\}$ $\quad \mathbb{L} = \{2\}$

d) $\mathbb{D} = \mathbb{Q} \setminus \{3; 6\}$ $\quad \mathbb{L} = \{18\}$

e) $\mathbb{D} = \mathbb{Q} \setminus \{-2; 2\}$ Man erhält eine falsche Aussage, also $\mathbb{L} = \{\,\}$.

Übung 5

a) $\frac{x}{x-2} = \frac{x}{4-2x}$ $\quad \mathbb{D} = \mathbb{Q} \setminus \{2\}$

$x \cdot (x-2) = 0$ $\quad \Rightarrow \mathbb{L} = \{0\}$

b) $\frac{x+3}{3x-5} = \frac{8x-3}{3x+5}$ $\quad \mathbb{D} = \mathbb{Q} \setminus \left\{-\frac{5}{3}; \frac{5}{3}\right\}$

$x \cdot (x-3) = 0$ $\quad \Rightarrow \mathbb{L} = \{0; 3\}$

c) $\frac{4x-4}{3x+1} = \frac{2x-6}{x-3}$ $\quad \mathbb{D} = \mathbb{Q} \setminus \left\{-\frac{1}{3}; 3\right\}$

$x^2 = 9$ $\quad \Rightarrow \mathbb{L} = \{-3\}$

15. Multiplizieren mit dem Hauptnenner

34 | 35

Übung 1

a) $\mathbb{D} = \mathbb{Q} \setminus \{0\}$ HN $= 45x \Rightarrow 2 \cdot 15 - 4 \cdot 5x = 3 \cdot 9 - 1 \cdot 15x$ $\mathbb{L} = \left\{\frac{3}{5}\right\}$

b) $\mathbb{D} = \mathbb{Q} \setminus \{0\}$ HN $= 4x$ $\mathbb{L} = \{-2\}$

c) $\mathbb{D} = \mathbb{Q} \setminus \{0\}$ HN $= 78x$ $\mathbb{L} = \{\,\}$

d) $\mathbb{D} = \mathbb{Q} \setminus \{0\}$ HN $= 6x$ $\mathbb{L} = \left\{\frac{3}{2}\right\}$

e) $\mathbb{D} = \mathbb{Q} \setminus \{0\}$ HN $= 6x \Rightarrow 1 \cdot 6x - (2x - 10) \cdot 2 = (20 - x) \cdot 3$ $\mathbb{L} = \{8\}$

f) $\mathbb{D} = \mathbb{Q} \setminus \{0\}$ HN $= 30x$ $\mathbb{L} = \{-13\}$

g) $\mathbb{D} = \mathbb{Q} \setminus \{0\}$ HN $= 8x$ $\mathbb{L} = \left\{\frac{1}{3}\right\}$

Übung 2

a) $\mathbb{D} = \mathbb{Q} \setminus \{-7; 4\}$ HN $= (x-4)(x+7) \Rightarrow 14x - 49 = -31x + 76$ $\mathbb{L} = \left\{\frac{25}{9}\right\}$

b) $\mathbb{D} = \mathbb{Q} \setminus \{-1; 0\}$ HN $= x \cdot (x+1)$ $\mathbb{L} = \left\{-\frac{2}{3}\right\}$

c) $\mathbb{D} = \mathbb{Q} \setminus \left\{\frac{3}{2}\right\}$ HN $= 3 - 2x$ oder $2x - 3$ $\mathbb{L} = \{3\}$

d) $\mathbb{D} = \mathbb{Q} \setminus \{-1\}$ HN $= 2 \cdot (x+1) \Rightarrow 2 + 1 = 3$ (w) $\mathbb{L} = \mathbb{Q} \setminus \{-1\}$

e) $\mathbb{D} = \mathbb{Q} \setminus \{2\}$ HN $= 15 \cdot (x-2) \Rightarrow 15 - 3 = 5$ (f) $\mathbb{L} = \{\,\}$

Übung 3

a) $\mathbb{D} = \mathbb{Q} \setminus \{1; 2\}$ HN $= 3 \cdot (x-1)(x-2)$ $\mathbb{L} = \{10\}$

b) $\mathbb{D} = \mathbb{Q} \setminus \left\{-\frac{1}{2}; -\frac{1}{3}\right\}$ HN $= 3 \cdot (3x+1)(2x+1)$ $\mathbb{L} = \left\{-\frac{11}{36}\right\}$

c) $\mathbb{D} = \mathbb{Q} \setminus \{-4; 0\}$ HN $= 4x \cdot (x+4)$ $\mathbb{L} = \{4\}$

d) $\mathbb{D} = \mathbb{Q} \setminus \{0\}$ HN $= 6x^2$ $\mathbb{L} = \{2\}$

e) $\mathbb{D} = \mathbb{Q} \setminus \{0\}$ HN $= 60x^2$ $\mathbb{L} = \left\{\frac{60}{77}\right\}$

Übung 4

a) $\mathbb{D} = \mathbb{Q} \setminus \{0\}$ HN $= 12x$ $\mathbb{L} = \{1\}$

b) $\mathbb{D} = \mathbb{Q} \setminus \{0\}$ HN $= 3x$ $\mathbb{L} = \{7\}$

c) $\mathbb{D} = \mathbb{Q} \setminus \{0\}$ HN $= 2x$ $\mathbb{L} = \{4\}$

d) $\mathbb{D} = \mathbb{Q} \setminus \{0\}$ HN $= 10x$ $\mathbb{L} = \{5\}$

e) $\mathbb{D} = \mathbb{Q} \setminus \{0\}$ HN $= 24x$ $\mathbb{L} = \left\{\frac{1}{4}\right\}$

16. Bruchgleichungen I

36 37

Übung 1

a) $\mathbb{D} = \mathbb{Q} \setminus \{-1; 1\}$ HN $= (x+1)(x-1)$ $\mathbb{L} = \{2\}$

b) $\mathbb{D} = \mathbb{Q} \setminus \{-4; 4\}$ HN $= (x+4)(x-4)$ $\mathbb{L} = \mathbb{D} = \mathbb{Q} \setminus \{-4; 4\}$

c) $\mathbb{D} = \mathbb{Q} \setminus \{-7; 7\}$ HN $= (x+7)(x-7)$ $\mathbb{L} = \{-10\}$

d) $\mathbb{D} = \mathbb{Q} \setminus \{-9; 9\}$ HN $= (x+9)(x-9)$ $\mathbb{L} = \{0\}$

e) $\mathbb{D} = \mathbb{Q} \setminus \{-5; 5\}$ HN $= (x+5)(x-5)$ $\mathbb{L} = \mathbb{D} = \mathbb{Q} \setminus \{-5; 5\}$

Übung 2

a) $\mathbb{D} = \mathbb{Q} \setminus \left\{-\frac{3}{2}; \frac{3}{2}\right\}$ HN $= (2x+3)(2x-3)$ $\Rightarrow$ $3 \cdot (x-9) - 2 \cdot (x+9) = -45$

$\mathbb{L} = \left\{-\frac{1}{2}\right\}$

b) $\mathbb{D} = \mathbb{Q} \setminus \left\{-\frac{4}{5}; \frac{4}{5}\right\}$ HN $= (5x+4)(5x-4)$ $\mathbb{L} = \left\{\frac{2}{5}\right\}$

c) $\mathbb{D} = \mathbb{Q} \setminus \left\{-\frac{11}{3}; \frac{11}{3}\right\}$ HN $= (3x+11)(3x-11)$ $\mathbb{L} = \{-4\}$

d) $\mathbb{D} = \mathbb{Q} \setminus \{2\}$ HN $= 4 \cdot (x-2)^2$ $\Rightarrow$ $15 = 4 \cdot (x-2) + 2 \cdot (x-2)$

$\mathbb{L} = \left\{\frac{9}{2}\right\}$

e) $\mathbb{D} = \mathbb{Q} \setminus \{-3; 3\}$ HN $= 2 \cdot (x-3)(x+3)$ $\mathbb{L} = \{\,\}$ $(x = 3 \notin \mathbb{D})$

Übung 3

a) $\mathbb{D} = \mathbb{Q} \setminus \left\{-\frac{4}{3}; \frac{4}{3}\right\}$ HN $= (3x+4)(3x-4)$ $\Rightarrow$ $3 \cdot (3x-4) = 14 \cdot (3x+4) - 35$

$\mathbb{L} = \{-1\}$

b) $\mathbb{D} = \mathbb{Q} \setminus \left\{-\frac{3}{2}; \frac{3}{2}\right\}$ HN $= 2 \cdot (2x+3)(2x-3)$ $\mathbb{L} = \{11\}$

c) $\mathbb{D} = \mathbb{Q} \setminus \{-3; 2\}$ HN $= (x+3)(x-2)$ $\mathbb{L} = \{5\}$

d) $\mathbb{D} = \mathbb{Q} \setminus \left\{-\frac{5}{4}; \frac{5}{4}\right\}$ HN $= (4x+5)(4x-5)$ $\mathbb{L} = \{2\}$

e) $\mathbb{D} = \mathbb{Q} \setminus \left\{-\frac{7}{2}; \frac{7}{2}\right\}$ HN $= (2x+7)(2x-7)$ $\mathbb{L} = \{4\}$

Übung 4

a) $\mathbb{L} = \{-8; 2\}$ $(x + 3 = 5$ oder $x + 3 = -5)$

b) $\mathbb{D} = \mathbb{Q} \setminus \{-1\}$ $\mathbb{L} = \{-6; 4\}$

38 39

17. Bruchgleichungen II

Übung 1

a) $\mathbb{D} = \mathbb{Q} \setminus \{-3; 3\}$ HN $= (x+3)(x-3)$ $\mathbb{L} = \{11\}$

b) $\mathbb{D} = \mathbb{Q} \setminus \{-3; -2\}$ HN $= (x+2)(x+3)$ $\mathbb{L} = \{\,\}$ $(x = -3 \notin \mathbb{D})$

c) $\mathbb{D} = \mathbb{Q} \setminus \{-2; 2\}$ HN $= 3\cdot(x+2)(x-2)$ $\mathbb{L} = \{-3\}$

d) $\mathbb{D} = \mathbb{Q} \setminus \left\{0; \frac{2}{3}\right\}$ HN $= 5x\cdot(3x-2)$ $\mathbb{L} = \{\,\}$ $\left(x = \frac{2}{3} \notin \mathbb{D}\right)$

Übung 2

a) $\mathbb{D} = \mathbb{Q} \setminus \{-8\}$ HN $= 4\cdot(x+8)^2$ $\mathbb{L} = \{0\}$

b) $\mathbb{D} = \mathbb{Q} \setminus \{5\}$ HN $= (x-5)^2 \Rightarrow 3\cdot(x-5) - 2\cdot(x-5) = 5$ $\mathbb{L} = \{10\}$

c) $\mathbb{D} = \mathbb{Q} \setminus \left\{\frac{1}{2}\right\}$ HN $= 10\cdot(2x-1)^2$ $\mathbb{L} = \{0\}$

d) $\mathbb{D} = \mathbb{Q} \setminus \{8\}$ HN $= 3\cdot(x-8)^2$ $\mathbb{L} = \{9\}$

Übung 3

a) $\mathbb{D} = \mathbb{Q} \setminus \left\{-\frac{4}{3}; \frac{4}{3}\right\}$ HN $= (3x+4)(3x-4)$ $\mathbb{L} = \{2\}$

b) $\mathbb{D} = \mathbb{Q} \setminus \{-12; 0; 9\}$ HN $= x\cdot(x+12)(x-9)$ $\mathbb{L} = \{36\}$

c) $\mathbb{D} = \mathbb{Q} \setminus \left\{-\frac{1}{2}; 0; \frac{1}{2}\right\}$ HN $= x\cdot(2x-1)(2x+1)$ $\mathbb{L} = \{3\}$

d) $\mathbb{D} = \mathbb{Q} \setminus \{-1; 0\}$ HN $= x\cdot(x+1)$ $\mathbb{L} = \{\,\}$ $(x = 0 \notin \mathbb{D})$

e) $\mathbb{D} = \mathbb{Q} \setminus \left\{-5; 0; \frac{3}{2}\right\}$ HN $= 2x\cdot(2x-3)(x+5)$ $\mathbb{L} = \left\{-\frac{3}{2}\right\}$ $\left(x = \frac{3}{2} \notin \mathbb{D}\right)$

Übung 4

In der Ebene geht es nicht. Hier hilft nur die Flucht in die dritte Dimension, siehe Bild.
Mit ein bisschen Klebstoff nachhelfen, dann hält die Dreieckspyramide. (Man kann auch „Tetraeder" dazu sagen.)

Bravo, wenn du die richtige Lösung gefunden hast!

Übung 5

x = Anzahl + 1 $\Rightarrow \frac{x}{2} + \frac{x}{3} + \frac{x}{8} + 1 = x$ HN $= 24$

$24 = x$

$\Rightarrow$ Abu Hammad besaß 23 Kamele.

18. Bruchgleichungen III

40 | 41

Übung 1

a) $\mathbb{D} = \mathbb{Q} \setminus \left\{-\frac{3}{2}; \frac{2}{3}\right\}$ HN $= 2\cdot(2x+3)(3x-2)$ $\mathbb{L} = \{2\}$

b) $\mathbb{D} = \mathbb{Q} \setminus \{-2; 3\}$ HN $= 2\cdot(x-3)(x+2)$ $\mathbb{L} = \{0\}$

c) $\mathbb{D} = \mathbb{Q} \setminus \{7; 13\}$ HN $= (x-7)(x-13)$ $\mathbb{L} = \left\{7\frac{7}{8}\right\}$

d) $\mathbb{D} = \mathbb{Q} \setminus \{-3; 5\}$ HN $= (x-5)(x+3)$ $\mathbb{L} = \{7\}$

Übung 2

a) $\mathbb{D} = \mathbb{Q} \setminus \{-1; 1\}$ HN $= (1-x)(x+1)$
$\Rightarrow\ 2x\cdot(x+1) + 8\cdot(1-x) = 2x^2 - 6 - 2\cdot(x+1)$ $\mathbb{L} = \{4\}$

b) $\mathbb{D} = \mathbb{Q} \setminus \{-2; 2\}$ HN $= 6\cdot(2-x)(2+x)$ $\mathbb{L} = \{1\}$

c) $\mathbb{D} = \mathbb{Q} \setminus \{0; 1\}$ HN $= 12x\cdot(x-1)$ $\mathbb{L} = \{-32\}$

d) $\mathbb{D} = \mathbb{Q} \setminus \left\{-\frac{8}{3}; \frac{8}{3}\right\}$ HN $= 2\cdot(3x+8)(3x-8)$ $\mathbb{L} = \{-7\}$

e) $\mathbb{D} = \mathbb{Q} \setminus \{-7; -2; 5; 7\}$ HN $= (x+2)(5-x)(49-x^2)$ $\mathbb{L} = \{1\}$

Übung 3

a) $\mathbb{D} = \mathbb{Q} \setminus \left\{-\frac{3}{13}\right\}$ $\frac{7\cdot(3x-3)}{8\cdot(13x+3)} = \frac{1}{8}$ $\mathbb{L} = \{3\}$

b) $\mathbb{D} = \mathbb{Q} \setminus \left\{-\frac{1}{5}\right\}$ $\frac{14\cdot(4x-1)}{24\cdot(5x+1)} = \frac{7}{8}$ $\mathbb{L} = \left\{-\frac{5}{7}\right\}$

c) $\mathbb{D} = \mathbb{Q} \setminus \{-5; 0\}$ $\frac{25x}{x+5} = 24$ $\mathbb{L} = \{120\}$

d) $\mathbb{D} = \mathbb{Q} \setminus \{-3; 0\}$ $\frac{3x\cdot(2x-6)}{3x\cdot(x+3)} = \frac{2}{3}$ $\mathbb{L} = \{6\}$

e) $\mathbb{D} = \mathbb{Q} \setminus \left\{0; \frac{23}{48}\right\}$ $\frac{3x+5}{3x} - \frac{(4x-1)\cdot 12}{48x-23} = 0$ $\mathbb{L} = \left\{\frac{5}{9}\right\}$

Übung 4

a) $\mathbb{D} = \mathbb{Q} \setminus \{1; 4\}$ $\mathbb{L} = \{-2\}$

b) $\mathbb{D} = \mathbb{Q} \setminus \{3; 7\}$ $\mathbb{L} = \{-2\}$

c) $\mathbb{D} = \mathbb{Q} \setminus \{-3; -2; -1; 0\}$ $\mathbb{L} = \left\{-\frac{3}{2}\right\}$

d) $\mathbb{D} = \mathbb{Q} \setminus \{-1; 0; 1\}$ $\mathbb{L} = \left\{\frac{5}{3}\right\}$

42 | 43

19. Proportionen

Übung 1

a) $144 : 160 = 9 : 10$

b) $0{,}07 : 0{,}15 = 7 : 15$

c) $\frac{1}{4} : \frac{3}{8} = 2 : 3$

d) $1\frac{1}{3} : \frac{2}{3} = 2 : 1$

e) $2{,}5 : 3 = 5 : 6$

f) $0{,}3\% : 0{,}5\% = 3 : 5$

Übung 2

a) $a = 3\frac{3}{7}$

b) $b = 3\frac{1}{3}$

c) $c = 11\frac{5}{11}$

d) $d = 5\frac{5}{6}$

e) $e = -2$

f) $f = 4$

Übung 3

a) z. B.: $y = -x - 5 \Rightarrow x : (-5 - x) = 2 : 3; \Rightarrow x = -2; \quad y = -3$

b) z. B.: $y = 70 - x \Rightarrow x : (70 - x) = 5 : 2; \Rightarrow x = 50; \quad y = 20$

c) z. B.: $y = \frac{3}{8} - x \Rightarrow x : \left(\frac{3}{8} - x\right) = 2 : 1; \Rightarrow x = \frac{1}{4}; \quad y = \frac{1}{8}$

d) z. B.: $y = x - 6 \Rightarrow x : (x - 6) = 11 : 8; \Rightarrow x = 22; \quad y = 16$

e) z. B.: $y = x - 44 \Rightarrow x : (x - 44) = 1 : (-3); \Rightarrow x = 11; \quad y = -33$

f) z. B.: $y = -7 - x \Rightarrow x : (-7 - x) = \frac{1}{3} : 2; \Rightarrow x = -1; \quad y = -6$

Übung 4

a) z. B.: $1400 : 7 = x : 3$ (oder: $7 : 1400 = 3 : x$) Antwort: 600 g

b) z. B.: $8 : 280 = 5 : x$ Antwort: 175 Liter

c) z. B.: $3 : 7 = 123 : x$ Antwort: 287 HypCo-Aktien

d) z. B.: $3 : 4 = 1{,}2 : x$ Antwort: 1,6 Liter

e) z. B.: $3 : 5 = x : (56 - x); \quad y = 56 - x$ Antwort: 21 Schweine und 35 Schweine

f) z. B.: $56 : 88 = x : 220; \quad y = 220 - x$ Antwort: 140 g Eisen und 80 g Schwefel

g) z. B.: $4000 : 80 = 100 : x$ Antwort: 2 %

h) $48{,}6 : 51{,}4 = x : 1000$ Antwort: 946 Mädchen

20. Textaufgaben

44 | 45

Übung 1

Da negative Zeiten nicht sinnvoll sind, kann man hier als Grundmenge und damit auch als Definitionsmenge $\mathbb{Q}^+$ wählen.

a) $\frac{1}{16} + \frac{1}{14} = \frac{1}{x}$; $\mathbb{D} = \mathbb{Q}^+$; $x = 7\frac{7}{15}$

Die Mähdrescher brauchen zusammen 7 h 28 min oder gerundet 7,5 h.

b) $\frac{1}{6} + \frac{1}{8} - \frac{1}{4} = \frac{1}{x}$; $\mathbb{D} = \mathbb{Q}^+$; $x = 24$ Das Füllen des Teichs dauert 24 h.

c) $\frac{1}{8} + \frac{1}{10} + \frac{2}{12} = \frac{1}{x}$; $\mathbb{D} = \mathbb{Q}^+$; $x = \frac{120}{47}$

Die gemeinsame Arbeit dauert ca. 2,5 Tage.

Übung 2

a) Gesucht: $\frac{x}{x+8}$; bekannt: $\frac{x+3}{x+8+3} = \frac{1}{3}$; $\mathbb{D} = \mathbb{N}$; $x = 1$; Antwort: $\frac{1}{9}$

b) Gesucht: $\frac{x}{3x}$; bekannt: $\frac{x+5}{3x+5} = \frac{3}{7}$; $\mathbb{D} = \mathbb{N}$; $x = 10$; Antwort: $\frac{10}{30}$

c) Gesucht: $\frac{x}{x-7}$; bekannt: $\frac{x}{x-7} = \frac{x+5}{x-7+4}$; $\mathbb{D} = \mathbb{N} \setminus \{3; 7\}$; $x = 35$;
Antwort: $\frac{35}{28}$

d) Gesucht: $\frac{x+2}{x}$; bekannt: $\frac{x+2-7}{x-4} = \frac{x}{x+2}$; $\mathbb{D} = \mathbb{N} \setminus \{4\}$; $x = 10$;
Antwort: $\frac{12}{10}$

e) Die nächstgrößere gerade Zahl ist um 2 größer.

$\frac{x}{x+2} = \frac{3}{4}$; $\mathbb{D} = \{2; 4; 6; \dots\}$; $x = 6$; Antwort: 6

f) Die übernächste ungerade Zahl ist um 4 größer.

$\frac{3}{x} = \frac{7}{x+4}$; $\mathbb{D} = \{1; 3; 5; \dots\}$; $x = 3$; Antwort: 3

21. Bruchgleichungen mit Parameter

Übung 1

a) $\mathbb{L} = 2b + a^2$

b) $\mathbb{L} = \{b \cdot (5 - a)\}$

c) $\mathbb{L} = \left\{\frac{ab}{10}\right\}$

d) $x \cdot (a + b) = 8$ $\quad \mathbb{L} = \left\{\frac{8}{a+b}\right\}$ falls $a \neq -b$; $\mathbb{L} = \{\}$ falls $a = -b$

e) $x \cdot (p + q) = 10pq$ $\quad \mathbb{L} = \left\{\frac{10pq}{p+q}\right\}$ falls $p \neq -q$; $\mathbb{L} = \{\}$ falls $p = -q$

Übung 2

a) $\mathbb{D} = \mathbb{Q} \setminus \{1\}$ $\quad \mathbb{L} = \left\{\frac{p-1}{p-2}\right\}$ falls $p \neq 2$; $\mathbb{L} = \{\}$ falls $p = 2$

b) $\mathbb{D} = \mathbb{Q} \setminus \{0\}$ $\quad \mathbb{L} = \left\{\frac{p-1}{q}\right\}$ falls $p \neq 1$; $\mathbb{L} = \{\}$ falls $p = 1$

(wegen $x = \frac{p-1}{q} \neq 0$)

c) $\mathbb{D} = \mathbb{Q} \setminus \{p\}$ $\quad \mathbb{L} = \left\{\frac{1+p^2}{p}\right\}$

d) $\mathbb{D} = \mathbb{Q} \setminus \{q\}$ $\quad \mathbb{L} = \left\{\frac{3q}{3-p}\right\}$ falls $p \neq 3$; $\mathbb{L} = \{\}$ falls $p = 3$

e) $\mathbb{D} = \mathbb{Q} \setminus \left\{\frac{2p}{3}\right\}$ $\quad \mathbb{L} = \left\{\frac{2p}{p+3}\right\}$ falls $p \neq -3$; $\mathbb{L} = \{\}$ falls $p = -3$

f) $\mathbb{D} = \mathbb{Q} \setminus \{0\}$ $\quad \mathbb{L} = \{-p; p\}$

Übung 3

a) $\mathbb{D} = \mathbb{Q} \setminus \{a; b\}$ Beim Zwischenschritt $x \cdot (a - b) = a^2 - b^2$ auf Fallunterscheidung achten:

$\mathbb{L} = \{a + b\}$ falls $a \neq b$; $\mathbb{L} = \mathbb{D}$ falls $a = b$

b) $\mathbb{D} = \mathbb{Q} \setminus \left\{-\frac{1}{2a}; -\frac{1}{a}\right\}$ $\quad \mathbb{L} = \left\{-\frac{1}{3a}\right\}$

c) $\mathbb{D} = \mathbb{Q} \setminus \{-a; a\}$; $x = a \notin \mathbb{D}$ $\quad \mathbb{L} = \{\}$

d) $\mathbb{D} = \mathbb{Q} \setminus \left\{0; -\frac{b}{a}\right\}$ $\quad \mathbb{L} = \{1\}$ falls $a \neq b$; $\mathbb{L} = \mathbb{D}$ falls $a = b$

e) $\mathbb{D} = \mathbb{Q} \setminus \{2\}$ $\quad \mathbb{L} = \{a + 6\}$ falls $a \neq -4$; $\mathbb{L} = \{\}$ falls $a = -4$

f) $\frac{1}{a} + \frac{1}{b} = \frac{1}{x}$; $a, b > 0$; $\mathbb{D} = \mathbb{Q}^+$ Sie brauchen $\frac{ab}{a+b}$ Stunden.

22. Formelumstellung

Übung 1

a) $U = R \cdot I$ $\quad I = \frac{U}{R}$

b) $v = \frac{s}{t}$ $\quad t = \frac{s}{v}$

c) $g = \frac{2A}{h}$ $\quad h = \frac{2A}{g}$

d) $r = \frac{u}{2\pi}$

e) $G = \frac{3V}{h}$ $\quad h = \frac{3V}{G}$

f) $m = \varrho \cdot V$ $\quad V = \frac{m}{\varrho}$

g) $p = \frac{h^2}{q}$ $\quad q = \frac{h^2}{p}$

Übung 2

a) $a = \frac{2A}{h} - c$ $\quad c = \frac{2A}{h} - a$ $\quad h = \frac{2A}{a + c}$

b) $B = \frac{G \cdot b}{g}$ $\quad G = \frac{B \cdot g}{b}$ $\quad b = \frac{B \cdot g}{G}$ $\quad g = \frac{G \cdot b}{B}$

c) $p_1 = \frac{p_2 V_2 T_1}{T_2 V_1}$ $\quad V_1 = \frac{p_2 V_2 T_1}{T_2 p_1}$ $\quad T_1 = \frac{p_1 V_1 T_2}{p_2 V_2}$

d) $v_0 = v - at$ $\quad a = \frac{v - v_0}{t}$

e) $f = \frac{g \cdot b}{g + b}$ $\quad g = \frac{b \cdot f}{b - f}$

Übung 3

a) $v_0 = \frac{s - \frac{1}{2}at^2}{t}$ $\quad a = \frac{2\,(s - v_0 t)}{t^2}$

b) $\vartheta_M = \frac{m_1 \vartheta_1 + m_2 \vartheta_2}{m_1 + m_2}$

c) $m = \frac{2E}{v^2}$

d) $R_2 = \frac{R_1\,(U - U_1)}{U_1}$ $\quad U_1 = \frac{R_1 U}{R_1 + R_2}$

e) $a = \frac{O - 2bc}{2\,(b + c)}$

23. Bruchungleichungen

Vergleiche bei jeder Lösungsmenge *genau*, ob du die Bereichsklammern richtig benutzt hast!

Übung 1

a) $2x + 1 > 7 \quad | -1$
$2x > 6 \quad | :2$
$x > 3 \qquad \mathbb{L} =]3; \infty[$

b) $-3x - 3 \geqq -6 \quad | +3$
$-3x \geqq -3 \quad | :(-3)$!
$x \leqq 1 \qquad \mathbb{L} =]-\infty; 1]$

c) $x < -\frac{1}{6} \qquad \mathbb{L} = \left]-\infty; -\frac{1}{6}\right[$

d) $x \leqq -3 \qquad \mathbb{L} =]-\infty; -3]$

e) $x > 1 \qquad \mathbb{L} =]1; \infty[$

f) $-7 > 10$ (f) $\qquad \mathbb{L} = \{\}$

Übung 2

a) $\frac{1}{x+1} > 0$ Fall 1: $1 > 0 \wedge x + 1 > 0$
$1 > 0 \wedge x > -1 \Rightarrow \mathbb{L}_1 =]-1; \infty[$
Fall 2: $1 < 0 \wedge x + 1 < 0 \Rightarrow \mathbb{L}_2 = \{\}$
$\Rightarrow \mathbb{L} =]-1; \infty[$

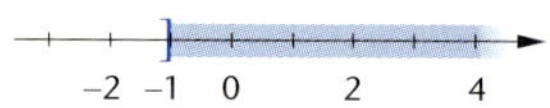

b) $\mathbb{L} =]2; \infty[\cup \mathbb{Q}^- = \mathbb{Q} \setminus [0; 2]$

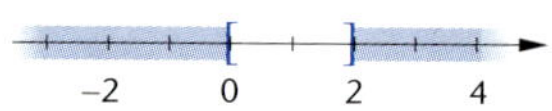

c) $\frac{2x+1}{x} < 0$ Fall 1: $2x + 1 < 0 \wedge x > 0$
$x < -\frac{1}{2} \wedge x > 0 \Rightarrow \mathbb{L}_1 = \{\}$
Fall 2: $2x + 1 > 0 \wedge x < 0$
$x > -\frac{1}{2} \wedge x < 0 \Rightarrow \mathbb{L}_2 = \left]-\frac{1}{2}; 0\right[$
$\Rightarrow \mathbb{L} = \left]-\frac{1}{2}; 0\right[$

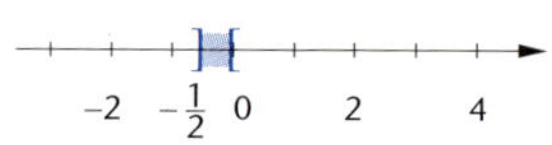

d) $\mathbb{L} =]1; \infty[\cup]-\infty; -1[= \mathbb{Q} \setminus [-1; 1]$

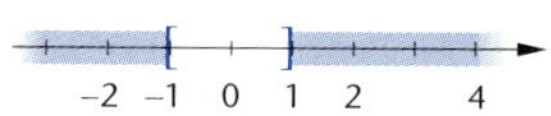

Übung 3

a) $\mathbb{L} = \left]\frac{1}{2}; \frac{5}{3}\right[$

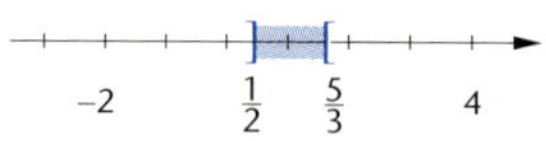

b) $\mathbb{L} = [2; 3[$

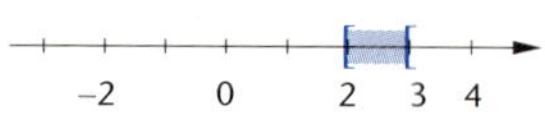

c) $\mathbb{L} =]-2; -1]$

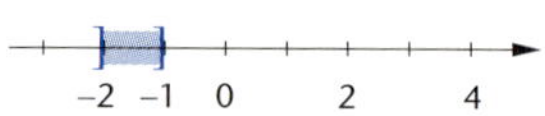

d) $\mathbb{L} = [2; \infty[\cup \left]-\infty; -\frac{8}{5}\right[= \mathbb{Q} \setminus \left[-\frac{8}{5}; 2\right[$

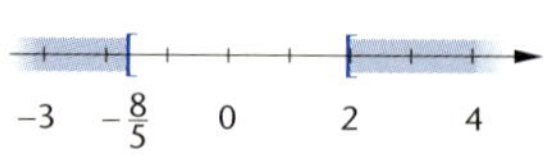

24. Vermischte Aufgaben II

52 53

Übung 1

a) $\mathbb{D} = \mathbb{Q} \setminus \{0\}$ $\mathbb{L} = \{4\}$

b) $\mathbb{D} = \mathbb{Q} \setminus \left\{\frac{2}{7}\right\}$ $\mathbb{L} = \{-1\}$

c) $\mathbb{D} = \mathbb{Q} \setminus \{-2; 2\}$ $\mathbb{L} = \{6\}$

d) $\mathbb{D} = \mathbb{Q} \setminus \{-4\}$ $\mathbb{L} = \{10\}$

e) $\mathbb{D} = \mathbb{Q} \setminus \left\{\frac{1}{2}\right\}$ $\mathbb{L} = \{\,\}$

Übung 2

a) $\text{HN} = 24 \cdot (x+5)$ $\mathbb{D} = \mathbb{Q} \setminus \{-5\}$ $\mathbb{L} = \{-1\}$

b) $\text{HN} = x - 5$ oder $5 - x$ $\mathbb{D} = \mathbb{Q} \setminus \{5\}$ $\mathbb{L} = \{8\}$

c) $\text{HN} = 4 \cdot (x+1)(x-1)$ $\mathbb{D} = \mathbb{Q} \setminus \{-1; 1\}$ $\mathbb{L} = \{5\}$

d) $\text{HN} = 2 \cdot (x+3)$ $\mathbb{D} = \mathbb{Q} \setminus \{-3\}$ $\mathbb{L} = \{5\}$

e) $\text{HN} = (x+3)(x-3)$ $\mathbb{D} = \mathbb{Q} \setminus \{-3; 3\}$ $\mathbb{L} = \{-2\}$

Übung 3

a) $\mathbb{D} = \mathbb{Q} \setminus \{0\}$ $\mathbb{L} = \left\{\frac{b}{3a-1}\right\}$ falls $a \neq \frac{1}{3}$; $\mathbb{L} = \{\,\}$ falls $a = \frac{1}{3}$

b) $\mathbb{D} = \mathbb{Q} \setminus \{0\}$ $\mathbb{L} = \left\{\frac{q \cdot (p+1)}{p}\right\}$

c) $\mathbb{D} = \mathbb{Q} \setminus \{0\}$ $\mathbb{L} = \left\{\frac{3 \cdot (b+1)}{a}\right\}$

d) $\mathbb{D} = \mathbb{Q} \setminus \{0\}$ $\mathbb{L} = \left\{\frac{ac}{a-b}\right\}$ falls $a \neq b$; $\mathbb{L} = \{\,\}$ falls $a = b$

Übung 4

a) $12 : 44 = 100 : x$ $\mathbb{D} = \mathbb{Q}^+$ Antwort: 367 t

b) Die übernächste ungerade Zahl ist um 4 größer.

$\frac{6}{x} = \frac{14}{x+4}$ $\mathbb{D} = \{1; 3; 5; \ldots\}$ Antwort: 3

c) $\frac{1}{7} + \frac{1}{3} = \frac{1}{x}$ $\mathbb{D} = \mathbb{Q}^+$ Antwort: 2 h 6 min

d) Hans x Jahre, Peter $\frac{3}{2}x$ Jahre

$\frac{x+5}{\frac{3}{2}x+5} = \frac{3}{4}$ $\mathbb{D} = \mathbb{N}$ Antwort: Hans ist 10, Peter 15 Jahre alt.

Übung 5

a) $\mathbb{L} = \{7\}$

b) $\mathbb{L} =]7; \infty[\cup]-\infty; -3[= \mathbb{Q} \setminus [-3; 7]$

c) $\mathbb{L} = [7; \infty[\cup]-\infty; -3[= \mathbb{Q} \setminus [-3; 7[$

d) $\mathbb{L} =]-3; 7[$

e) $\mathbb{L} =]-3; 7]$

Übung 6

a) $F_N = \frac{F_R}{\mu}$

b) $R = \frac{R_1 R_2}{R_1 + R_2}$; $R_1 = \frac{RR_2}{R_2 - R}$